오는 날이 장날입니다

전국 오일장에서 찾은 사계절의 맛

오는 날이 장날입니다

김진영 지음

상상출판

시작하는 말

시장에서 만난 계절을 이야기하다

어쩌다 시작된 칼럼 연재. 나의 오일장 이야기는 한 잔의 술에서 시작됐다. 약속이 있어 공덕동 대물상회에 갔던 어느 날 저녁, 이런저런 이야기를 나누며 지인과 술을 마시는 중이었다. 그때 덩치 좀 있는 한 사람이 다찌(?)에 앉아 사진을 찍고 있었는데 경향신문 기자라고 했다. 얼추 술이 들어가고 기분이 막 좋아졌을 때 막 취재를 끝내는 그가 눈에 들어왔다. 마침 다른 손님도 거의 간 상태였다. "끝났으면 같이 한잔하시죠?" 통성명을 끝내고 소주 한 잔에 여러 이야기가 안주로 오르락내리락했다. 술을 마시다가 술이 나를 마신 날이었다.

몇 주? 한 달? 시간이 지나고 모르는 번호로 전화가 왔다. 일단 받았더니 지난번에 만난 경향신문 기자였다. 겉치레 인사 아주 간단히 하고서는 본론이 나왔다. 신문 연재를 부탁한다는 이야기다. 음식 관련 이야기인데 소재나 주제는 나 알아서 해달라는 아주 무성의한(?)

청탁이었다. 일단은 알았다고 한 뒤 전화를 끝냈다.

무엇을 할까 하다가 예전부터 하고 싶었던 것이 생각났다. 지방 출장이 잦은 나. 출장 가는 길에 오일장 날짜도 맞추면 이래저래 좋을 듯싶었다. 마침 그 당시는 오마이뉴스에 식재료 관련한 뉴스를 매주 올리고 있었는데 식재료 취재도 같이하면 교통비라도 절감할 수 있을 것 같다는 생각이었다. 그냥 해본 생각이다. 신문사 고료는 보통 실비다. 나처럼 산지 다니는 사람은 신문사 수준의 고료면 교통비 보조 수준이기에 사실상 돈하고 상관없이 시작했다. 어차피 다니는 길, 기름값이라도 받으면 그냥 그게 어딘가 싶었다. 돈보다는 오일장에 대한 기록을 남기고 싶었다.

어느 정도 오일장에 대한 생각을 마친 뒤 대략적인 전체 오일장의 일정과 가야만 하는 이유를 간략하게 적어 기자에게 메일을 보냈다.

내 취재 일정은 겨울에는 남쪽, 여름에는 북쪽이다. 우리나라가 작다고 하는데 다니다 보면 넓다. 같은 작물이라도 겨울과 여름에 나는 지역이 다르다. 양배추만 하더라도 가장 맛있는 시기는 겨울이다. 겨울, 제주에서 나는 양배추는 감귤 못지않게 단맛이 좋다. 여름은 고랭지인 태백산맥에서 나지만 제철의 그 맛이 안 난다. 그렇게 3년 가까이 한반도를 식재료 따라 오르락내리락하고 있다. 다닌 거리를 대략 보니 예순다섯 개 장터에 운행 거리가 3만 km가 넘었다. 가면 대략 서너 개의 식당에서 밥을 먹는다. 전국에 가본 식당도 200개가 넘고,

이래저래 찍은 사진이 만 장이 넘는다. 취재를 끝내고 기사로 쓰지 않은 식당도 꽤 된다. 맛이 없거나 아니면 친절은 폐기처리 한 곳 등등 음식의 맛을 떠나 기본이 안 된 곳은 올리지 않았다. 기사에 나오는 식당 모두 '내돈내산'이다. 내가 일정을 짜고, 메뉴를 결정했다. 물론 이 과정에서 지자체의 도움을 받을 수 있었으나 그들이 보여주고, 먹여주고 하는 것만 해서는 홍보 기사로 전락하기에 그러지 않았다. 맛있으면 쓰고, 맛없으면 안 썼다.

지난 3년 동안 부지런히 시장을 돌아다니며 느꼈던 게 하나 있다. 다양한 지역색만큼이나 시장의 분위기도 다양하다는 것이다. 유난히 사고 파는 사람들이 많아 북적거림이 느껴지던 시장, 비교적 조용하지만 시장 상인들간의 관계가 돈독해보이던 시장, 소문난 식당들이 많아 맛있는 냄새가 도드라지던 시장 등. 그중에서 내 기억에는 손님과 상인 간의 넘치는 '정'을 느꼈던 시장이 인상 깊게 남았다.

시대가 많이 변하고, 시장을 찾는 사람들도 많이 달라졌다만은 여전히 가장 중요한 게 정이라고 생각한다. 시장에는 으레 '홍정'이라는 게 있어야 한다. 홍정을 주고받는 이들 사이에서 느껴지는 리듬은 장보는 순간을 더욱 풍요롭게 만들어준다. 이런 모습들을 보게 되면 나도 모르게 어깨춤을 들썩이게 된달까. 오일장을 다니며 먹은 음식 중에서는 포항 홍해장에서 맛본 장치회가 기억에 남는다. 먹어본 회 중에서 단연 1등이었다.

장치는 잡어다. 잡어 취급은 사람의 기준에서다. 생선은 나름의 이름과 맛이 있다. 잡어을 먹어보면 이름을 찾는다. 잡어라고 맛이 잡스러울 거라 생각하면 오산이다. 장치회의 쫄깃함은 돔이나 복어 못지 않았다.

돌아보면 많이 다닌 듯 보여도 딱 절반 정도 다녔다. 아직 못 가본 곳이 다닌 곳만큼 남아 있다. 앞으로도 겨울과 봄은 남쪽의 오일장을, 여름과 가을은 북쪽의 오일장을 돌아다니고 있을 것이다.

지면만으로는 아쉬워 최근에는 여행자의 식탁이라는 유튜브를 시작했다. 계절에 따른 음식을 '왜' 먹어야 하는지에 대해서 이야기하고 싶은 마음에서다.

보통 오일장을 소개하는 블로거나 유튜버들은 오일장을 홍미에 초점을 맞춰 소개하기 바쁘다. 족발을 썰고, 어묵을 먹고, 국밥에 소주 한 잔을 마시는 등의 이야기가 주로 나온다.

그들과는 다르게 홍미가 아닌 사람과 음식 이야기를 쓰고자 했다. 사람 냄새, 음식 냄새 가득한 글 말이다.

2021년 가을에

김진영

목차

1장 봄, 무뎌진 미각을 깨우는 시간

2장 여름, 힘들여 계절을 이기는 시간

3장 가을, 맛이 익어가는 시간

4장 겨울, 맛이 빛나는 시간

1장

봄, 무뎌진 미각을 깨우는 시간

전라남도 여수

봄

썩어도 준치?
제대로 즐기는 여수!

작년 2월, 여수에 갔었다. 코로나가 올해까지 있을 거라 생각도 않던 때였다. 그곳을 1년이 지나 다시 찾았다.

올해는 목련과 벚꽃이 같이 피는 이상한 봄이 왔다. 여수에 간 김에 돌산 송월마을의 벚꽃길까지 찾았지만 이틀 정도 일렀다. 성급한 녀석들만 꽃을 피우고 있었다. 겨울은 짧아지고 봄은 길어지기에 찰나처럼 지나는 봄은 더는 없다. 우리 삶처럼 계절 또한 참으로 혼란스러운 나날이다.

목적지는 여수 서시장이었다. 4일과 9일이 있는 날이면 서시장 주변으로 오일장까지 서서 날만 잘 맞추면 시장 구경을 원 없이 할 수 있는 곳이 여수다. 여수 오일장은 서시장 공영 주차장 옆 대로변에 길게 장이 선다. 상설 시장 주변을 에워싸듯 장이 서는 다른 지역 오일

🔈 미나리 한 다발에 봄을 산다. 동네 개울에 딴 돌미나리다.
대가 가늘고 잎은 작지만 향이 아주 진하다.

장의 모습과 사뭇 달라보였다.

오일장은 보통 한 달에 두 번 가는데 몇 번 다니다 보면 이내 계절이 바뀐다. 그러다 보면 채소의 구성이 조금씩 바뀌어 있다. 2월에는 시금치, 봄동이 눈에 자주 띄었다. 봄동은 특별한 배추는 아니다. 겨울철에 파종해 이른 봄에 수확하는 배추다. 속이 꽉 차 통통한 배추 모습과 달리 잎사귀가 펼쳐진 모습이 다를 뿐이다. 사실 모습만 다른 게 아니라 추운 겨울을 노지에서 보낸 탓에 아삭한 식감과 시원한 단맛이 여름과 가을의 속 꽉 찬 배추보다 낫다.

3월의 여수 장터는 나물이 대세다. 쑥과 냉이는 이미 억세졌고 머위며, 참나물이 한창 나온다. 성급한 두릅도 비치고 있지만 철이 일러 가격이 셌다. 농산물이나 수산물이나 첫물이 가장 비싸면서 맛도 없다. 반가움은 있어도 가성비가 가장 안 좋은 것이 첫물이다.

한편 여수 오일장에는 어물전이 없다. 오일장 옆으로 커다란 수산시장이 있기에 한두 개 좌판만 있다. 시장 구경하며 말린 바지락 좌판을 찾았다. 작년에는 둑 쪽에서 봤는데 이번에는 대로변에 있었다. 취재를 마치고 나서 사야지 하고는 잊어버렸던 탓에 작년에는 사지 못했던 바지락을 이번에도 '취재 끝나고 사야지' 하고는 또 잊었다가 다시 찾아 나선 끝에 살 수 있었다. 작고 알찬 바지락 살을 하루 말린 것으로 간장과 참기름을 넣어 볶으면 밥도둑이다.

다양한 수산물이 나는 여수인 만큼 이런 수산물시장을 그냥 지나친다면 손해다. 오일장에서 서시장으로, 건너 교동시장으로, 수산시장으로 걷다 보면 여객터미널이 나오는데 터미널 지나 이순신광장까지 가면 중앙선어시장이 있다. 수산시장보다 규모는 작지만 다양한 수산물이 있다. 호객도 따로 없다. 생선 박스나 큰 생선에는 여지없이 35, 50 같은 숫자가 적혀 있는데 3만 5천 원, 5만 원이라는 뜻이다.

선도를 본 다음 가격을 보면 지갑은 자동으로 열린다. 시장을 30~40m만 걸었는데도 지갑을 두 번 열었다. 한 번은 6kg 크기의 횟감용 삼치, 나머지는 현지에서 '다루마새우' 혹은 '달마새우'라 부르는 대롱수염새우 한 박스를 샀다. 삼치회 맛이야 두말하면 입만 아프고, 집에 와서 맥주 넣고 찐 대롱수염새우의 달곰한 맛은 일품이었다. 가격을 따져보니 자연산 새우가 한 마리에 500원 정도였다. 돈은 어떻게 쓰는지에 따라 기분이 달라진다. 기분 좋은 소비가 있는 곳이 여수 중앙선어시장이다.

여수를 대표하는 음식에는 돌게(민꽃게)장, 갓김치, 서대회, 장어탕 등이 있다. 그중에서도 "썩어도 준치."라는 속담이 있듯 여수에서 꼭 맛봤으면 하는 생선이 준치다. 예전에 이 준치는 평택에서 김치를 담그는 곳에 구해다 준 적이 있어 그 덕에 준치 나오는 철을 기억하고 있었다.

봄이면 제주도와 전라도 사이의 바다에 잠깐 비치고 사라지는 준치. 이 시기가 아니면 냉동한 것을 먹어야 하기에 혹시나 하는 기대를 했다. 보통은 혹시 있나? 하면 역시나 없지만 이번에는 운이 좋았다. 여수 특화거리를 걷다가 "준치회 개시" 푯말을 내건 한 식당이 있었다.

'여수' 하면 게장과 갓김치, 맛난 것 중 하나지 전부는 아니다.
여행지에서 맛난 먹거리 찾는 것 또한 여행의 일부다.

길손식당

식당에 들어서면서 준치가 있는지 물으니 끄덕인다. 메뉴 고민 없이 준치 무침을 주문했다. 반찬으로 양태가 나왔다. 양태는 가시가 많아 먹기 불편하지만 맛있는 생선이다.

준치회 무침을 맛봤다. 조금 센 듯한 새콤함이 훅 들어왔다가 이내 사라진다. 회무침에서 회만큼 중요한 것이 식초인데 이곳은 막걸리 식초인가 여쭈니 과일 식초와 섞어서 쓴다고 한다.

우선 준치만 골라내 따듯한 밥과 먹은 뒤, 채소를 곁들여 함께 먹었다. 그렇게 금세 사라진 밥을 다시 주문하여 무침과 비볐다. 회무침을 먹을 때는 처음부터 비벼서는 안 된다. 무침을 반찬 삼아 밥과 먹어야 제대로 회무침의 맛을 음미할 수 있다. 부드러운 살 속에 고소함이 꽉 찬 맛이 준치다. 확실히 냉동 준치와는 다른 맛이다.

◇◇◇◇◇

'여수 밤바다' 혹은 '벚꽃엔딩'. 여수를 떠올리면 생각나는 것들이 있다. 내게 여수는 닭 구이를 생각나게 하는 곳이다. 벚꽃 핀 언덕에서 밤바다를 바라보며 맛있는 닭 구이를 먹은 적 있기 때문이다.

여수에서 소주와 함께할 수 있는 안주는 차고 넘친다. 삼치회를 비롯해 회, 장어, 게장 등등 많지만 나는 큰 고민 없이 토종닭 구이를 선택했다.

이 토종닭 구이는 치킨이나 닭갈비와 다른 맛일뿐더러 주변에서 흔히 찾아 먹을 수 있는 메뉴가 아니다. 이웃한 순천, 구례는 토종닭을 구워서 주는 반면 여수는 돼지, 소고기 식당처럼 구워 먹는 게 달

약수닭집

랐다. 손질한 닭똥집, 날개 두 부위, 가슴살, 다리 그리고 껍질을 알아서 구워 먹는다. 예전에는 똥집과 가슴을 회로 냈다고 한다. 방법이 바뀌면서 손질을 더해 구이로 내주는데 회보다 맛이 더 좋다. 얇게 저민 가슴살을 불판에 살짝만 구워 먹는 맛이 일품이다. 몇 가지 부위 중에서 가장 압권은 껍질. 칼로 속기름을 깔끔히 제거해 노릇하게 구우면 씹어 넘길 때까지 고소한 맛이 입안 가득하다.

예전에 한 신문사 기고글에 이렇게 쓴 적이 있다. '닭의 맛이 열 냥이면 껍질이 아홉 냥이다.' 토종닭 구이에서 가장 맛있는 부위는 껍질이다. 나머지는 도긴개긴이다. 그렇다고 다른 부위가 맛없다는 이야기는 아니다. 그만큼 껍질 맛이 뛰어나다는 소리다. 또다시 여수를 간다고 해도 고민 없이 선택할 메뉴다.

상점 정보

- 길손식당　**주소** 전라남도 여수시 중앙로 54　**전화** 061-666-0046
- 약수닭집　**주소** 전라남도 여수시 구봉2길 5　**전화** 061-642-8500

전라남도 순천

봄

다양한 밥도둑을 만나는 순천

3월 말이 다가오면 벚꽃 피기를 기다리는 마음이 조급증을 일으킨다. 봄꽃을 시샘하는 찬 바람이 불면 조급증은 중증이 된다. 순천에는 전남 최대 오일장이 선다. 그래서 벚꽃 피는 시기에 순천 가는 발걸음에는 설렘 가득하다. 전국에 이름난 벚꽃길이 많지만 가장 좋아하는 길이 순천에 있다.

순천 시내로 직행하는 서순천이나 순천 IC 대신 승주 IC로 나와 상사호를 오른편에 두고 순천으로 향한다. 상사호는 둘레가 약 30km로 차로 천천히 돌면 30분 조금 넘게 걸리는 인공 호수다. 오가는 차가 적어 번잡하지도 않거니와 벚꽃 흐드러진 호숫가 따라 돌고 돌아가는 길의 운치가 그만이다. 올해 순천을 찾았을 때는 3월 말이었다. 따뜻한 곳에선 더러 성급한 벚꽃이 피었다는 소식에 혹시나 하는 마음에 차로 달렸는데 역시나 철 모르고 만개한 나무가 간간이 있었다. 철

딱서니 없는 사람이 있듯 철모르는 벚나무 덕에 아쉬운 대로 꽃구경을 잠시 했다. 그렇게 일부러 길을 돌아 시내로 들어갔다.

22일, 순천의 장이 서는 날이다. 아랫장이 열리는 2, 7일엔 상설 시장인 중앙시장이나 순천역 앞 장이 썰렁할 정도로 사람이 몰린다. 전남 최대 오일장이라는 명성이 허명이 아님을 바로 알 만큼 규모가 대단하다. 인파를 헤치며 시장을 돌았다. 시장에서는 구경을 천천히 할수록 가성비 좋은 물건을 살 수 있다. 게다가 이번엔 꼭 살 것이 있어 '그 녀석'부터 찾았다.

여기서 '그 녀석'은 망둥어과 생선인 '개소겡'이다. 영화 〈에일리언〉에 나오는 괴생물체의 롤모델 같은 외형인데 그 모습은 마치 나를

대갱이의 맛은 황태와 북어의 중간 어디쯤이다.
황태의 보드라운 맛과 북어의 찰진 맛이 적절히 섞여 있다.

잡아먹지 말라는 경고같이 느껴진다. 그러나 그 맛은 외모와 달리 구수한 매력이 있다.

개소겡은 순천에서는 대갱이라고 불린다. 이 대갱이를 제대로 맛본 것은 언젠가 출연한 SBS 프로그램 〈폼 나게 먹자〉에서였다. 사라져 가는 먹거리의 존재를 알리는 취지의 프로그램이었고, 그중 하나가 대갱이였다.

시장 구석구석을 돌아다니다 다양한 수산물 틈바구니에 살짝 숨어 있는 녀석을 발견했다. 말린 대갱이는 거무튀튀하다. 나무 망치로 딱딱한 대갱이를 두들기면 껍질은 가루가 되고 허연 속살이 드러난다. 허옇게 된 대갱이의 포를 뜯어 매콤하게 무쳐서 먹는다. 그 맛은 황태나 북어채를 무친 것보다 깊고 긴 여운의 구수함이 있다. 여기에 전라도의 손맛이 더해지는 순간, 밥도둑계의 끝판왕이 된다.

순천에서 해돋이로 유명한 화포해변 해안도로를 달리다 보면 동네 앞 갯벌마다 어지없이 낮은 높이의 그물이 가득하다. 가끔 손님 고기로 붕장어나 숭어가 들기도 하지만, 칠게잡이 그물이다. 칠게는 사람이 다가가면 재빠르게 숨기 때문에 갯벌에 발을 치고 그 끝에 끝이 막힌 그물을 놓아 잡아야 한다. 물이 빠지면 갯배를 타고 나가 그물에 갇혀 있는 칠게를 털어낸다. 쉽게 잡는 듯싶지만 갯배를 뭍으로 올리는 것을 잠시 거들어봤더니 무게가 꽤 나간다. 무거운 갯배를 수백 미터씩 밀고 나가 이리저리 다니기는 쉽지 않아 보였다. 힘들게 잡은 칠게는 수집상에게 넘기기도 하고 장이 서는 날 직접 나와 팔기도 한다.

그래서 순천 오일장에 가면 칠게 파는 할머니들을 쉽게 볼 수 있다.

칠게는 된장국을 끓이거나 기름에 볶아 먹기도 하지만 뭐니 뭐니 해도 칠게장이 제일이다. 젓갈 가운데에서도 별미 중 별미가 칠게장이다. 대갱이야 무치는 수고가 있지만, 칠게장은 뚜껑 따는 순간 밥 한 공기가 사라지는 마법을 부린다.

칠게 외에도 갯벌이 발달된 순천의 오일장에서는 맛볼 수 있는 음식 중 하나가 낙지다. 이 낙지는 잘게 잘라 그릇에 담고 참기름을 두른 뒤 밥과 고추장을 넣고 비벼야 제맛이다. 여기다 중요한 재료 하나를 더 넣어야 한다. 용 눈에 점 하나 찍듯 토하젓이 들어가야 비로소 맛이 완성된다. 오독오독 씹히는 낙지, 고소한 참기름과 매콤한 고추장에 감칠맛을 더하는 토하젓까지, 네 가지 재료가 섞여 내는 맛은 글로 설명하기 어렵다. 그냥, 맛있다. 거기다 입안에 매콤함이 감돌 때 시원한 바지락탕 국물을 먹으면 바로 리셋이다. 낙지 비빔밥 먹고, 국물 마시고, 몇 번 하다 보면 숟가락으로 그릇 바닥을 삭삭 긁고 있는 나와 마주친다. 바지락 살을 발라서 같이 비벼도 좋다.

또한 서해와 남해의 갯벌에서 많이 잡히는 서대도 있다. 가자미 집안답게 눈은 한쪽으로 몰려 있고, 체형은 납작하다. 다만 여느 가자미와 달리 널찍하지 않고 좁고 길다. 서대와 생긴 것도, 이름도 비슷한 박대가 있다. 둘은 머리 모양이 다른데 서대가 뭉툭한 미사일 모양이고, 박대는 둥그렇다. 말려서 구워놓으면 모양만큼 맛도 비슷하다. 서대는 말려서도 먹지만 싱싱한 것을 매콤새콤하게 무쳤을 때가 가장

맛있다. 여수 이순신광장 옆에 서대회 전문점이 많은데 순천에도 서대회무침을 제대로 내는 곳이 있다.

회무침 양념에서 가장 중요한 것이 식초다. 식초의 신맛은 요리의 중심을 잡아준다. 단맛, 매운맛, 짠맛이 따로 놀고 있을 때 식초 한 방울 떨어뜨리면 각자 놀던 맛들이 자기 자리를 찾아가면서 오케스트라의 지휘자처럼 조화롭게 맛을 지휘한다.

순천시청 옆 '이니네'의 주인장이 그 식초 전문가다. 순천 인근에서 잡힌 싱싱한 서대로 회를 큼지막하게 썰고 새콤달콤하게 무쳐내는 집인데 회무침 밑에는 비빔국수가 깔려 나온다. 서대회를 그 국수와 같이 먹는 것도 좋지만 같이 나오는 따뜻한 밥 위에 올려 먹어도 좋다. 회무침 재료로는 꼬막을 택할 수도 있고, 육식파라면 육전도 고명으로 선택할 수 있다. 국수를 젓가락 가득 집어 입에 넣고 씹다가 맑게 끓인 순두부로 얼얼한 입안을 달래면 병 주고 약 주는 격이다. 같이 내는 찬도 맛있지만 회무침이나 국수가 매우 맛있어 젓가락이 잘 가지 않을 정도다.

◇◇◇◇◇

통닭은 대표적인 군침 유발 단어다. 길 가다 통닭집 간판만 보여도 왠지 들어가서 한 마리 주문해 뜯어야 할 것 같은 느낌이다. 지역마다 저마다의 튀김 비법이나 소스를 자랑하는 통닭집들이 있는데 순천도 빼놓을 수 없다.

풍미통닭

순천 '풍미통닭'에서는 튀긴 통닭 위에 다진 마늘을 올린다. 기름으로 한 번 익힌 마늘은 갓 튀겨내 뜨거운 통닭이 품은 열기에 한 번 더 익으며 특유의 아린 맛이 무뎌진다. 통닭이 나오면 사진 찍을 시간을 준 뒤 이내 직원들이 다시 가져가 손질해서 내온다. 직원들은 다진 마늘이 듬뿍 든 양념 소스에 껍질 없는 안심을 먼저 찍어 먹기를 권한다. 따뜻한 안심을 소스에 찍어 먹으면 저절로 맥주잔이 손에 달라붙는다. 양배추 샐러드와 김치가 기름진 입안을 깔끔하게 정리해준다. 포장보다는 자리 잡고 먹어야 마늘통닭의 맛을 제대로 즐길 수 있다.

상점 정보

- 풍미통닭 **주소** 전라남도 순천시 성남뒷길 3 **전화** 061-744-7041

경상남도 고성

봄

바다와 갯벌을 품은 고성

경상남도 통영은 사시사철 관광객이 몰리는 곳이다. 통영을 가려면 꼭 지나가는, 아니 스쳐 지나가는 곳이 고성군이다. 그러고 보니 출장으로 통영이나 거제를 스무 번도 넘게 출장을 갔지만 고성을 들린 적은 한두 번뿐이었다.

고성의 동쪽은 마산, 서쪽은 사천, 남쪽은 통영이다. 고성은 수많은 낮은 산들 사이에 평야가 있고, 진주와 붙어 있는 북쪽을 제외하고는 바다와 접해 있다. 사천에서 고성읍으로 갈 때 고속도로 대신 국도를 선택하면 바다를 낀 골짜기를 굽이굽이 돌아가는 아름다운 바닷길을 만난다. 바닷물이 빠지면 다른 경상도의 바다와 달리 너른 갯벌이 속살을 드러낸다. 굴 종패 장(굴 유생을 키우는 곳)이 곳곳에 있고, 갯벌에서는 맛난 바지락이 지천으로 나고, 좋은 갯벌 덕에 고성에서 나는 갯장어, 붕장어 또한 맛있다.

고성 오일장은 1, 6, 11, 16, 21, 26일에 선다. 밤길을 달려 고성에 도착했다. 덕유산을 넘는 사이 빗방울이 떨어졌다. 봄을 여는 반가운 비, 그 덕에 바닷가의 매화는 꽃망울 터뜨렸는데 그걸 보니 추적추적 내리는 비에 장이 썰렁할까 걱정이 앞섰다. 하지만 말그대로 기우였다. 비가 오든 말든 새벽이 지나 사위가 밝아오자 여기저기 사람이 넘쳤다.

구경 삼아 한 바퀴 도는데 규모가 꽤 컸다. 고성 인구가 3만이 안 넘고 특별히 관광객이 몰리는 장이 아닌데도 파는 이와 사는 이가 많다. 시장의 초입은 농산물, 할매들이 몇 개의 바구니를 앞에 두고 다닥다닥 붙어 앉아 진한 사투리로 흥정을 하거나 농을 주고받는 모습이 정겹다. "아재요, 개시 좀 하소, 개시해주면 복 받는다" 이리저리 구경 다니던 나를 불러 세우는 목소리에 걸음을 멈췄다. "할매요, 머위 좋네요, 얼마예요?"

머위는 봄을 알리는 나물 중에서도 빨리 나온다. 웃자란 것은 껍질 벗겨 육개장이나 매운탕의 건더기 재료로 쓰이기도 하지만 뭐니 뭐니 해도 초봄에 나오는 머위 순의 맛은 일품이다. 묵나물(말린 나물)은 요리할 때 쓴맛을 제거하기 위해 하루 정도 물에 불려 먹는데 초봄의 머위는 그런 수고도 필요 없다. 고기 구울 때 같이 구워서 먹어도 좋고, 나물 무쳐서 파채를 대신하면 더 좋다. 한 바구니에 5천 원이다. 그 옆에 원추리나물을 보고 있자니 '기새도 살래요?' 한다. '기새는 다음에 살게요' 하고 어물전으로 넘어갔다.

어물전에서는 바지락 파는 곳이 많다. 좀 큰 바지락은 진해나 고성

2,000원

의 섬에서 캐 온 것들이고 고성 개펄에서 캐 온 것은 상대적으로 알이 작지만 크든, 작든 꺼낸 바지락의 살은 옹골차 보였다. 고성에는 매년 바지락 축제를 열만큼 서해 못지않은 맛있는 바지락이 난다. 바지락이 가득 담긴 대야 옆에는 검지만 한 새우가 움직여 보니 보리새우 같은데 긴가민가했다.

"아저씨 무슨 새우예요?"
"새우, 생새우."
"아니 새우 이름요."

그제야 "보리새우."라고 한다. 새벽에 그물을 털어 온 탓에 싱싱함이 눈에 보일 정도다. 그대로 볶아 먹거나 된장 넣고 탕에 넣고 끓이면 그만이라고 한다. 말린 것은 쉽게 살 수 있지만 생새우는 쉽게 사기 힘든 재료다.

생선과 어패류 장이 서는 곳 사이에 떡집이 몇 군데 있다. 방금 나온 시루떡에 모락모락 나는 김보다는 '무우떡' 이라는 손글씨에 눈길이 갔다. 시루떡 만들 때 채 썬 무를 넣고 만든 떡이다. 다른 떡집에서는 막 나온 커다란 술떡이 또 다른 유혹을 한다. 국적 불명의 길거리 음식이 차고 넘치는 관광시장과 다른 모습이다.

시장 구경을 얼추 끝내고 몇백 년 된 장터만큼은 아니더라도 70년 넘은 노포로 아침을 먹으러 갔다. 오일장터 한편에 자리 잡은 흑염소 전문 식당이다.

양이나 염소는 특유의 노린내 때문에 호불호가 갈리는 음식이라 보양식으로 특별히 찾지 않는 이상 잘 먹지 않는다. 그런데 이 집은 장이 서지 않더라도 항상 문을 연다는 것을 보니 보양식이라 아니라 일상적으로 찾아도 될 정도의 식당임이 분명했다. 흑염소탕을 시키니 이내 뚝배기가 나왔다. 맑은 국물에 흑염소 고기와 숙주가 들어 있다.

국물을 맛보니 닭이나 소고기로 끓인 맑은국을 먹는 것처럼 맛이 편안하다. 고기는 씹을수록 고소한 맛이 난다. 처음 씹을 때는 좋은 양고기 먹을 때처럼 아주 살짝 특유의 향이 나는 듯싶다가 이내 사라진다. 아삭한 숙주와 고기의 고소한 맛, 깔끔한 국물에 몇몇이 같이 와서 불고기도 한번 먹어보고 싶을 정도로 맛있는 탕이었다. 다만, 서울 촌놈이 먹기에는 국물이 조금 짰다. 조리는 주인이, 간은 손님이 하면 더 좋겠다는 생각이 들었다. 노린내가 안 나는 까닭을 물으니 다른 것은 없고 깔끔한 도축과 암컷만 쓰는 게 비법 아닌 비법이라 한다.

◇◇◇◇◇

통영과 바다를 공유하는 고성, 통영에서 소비하는 생선 중에서 고성에서 잡은 것이 꽤 된다. 통영 가면 한 번 이상은 꼭 먹는 볼락도 고성에서 공급하는 게 많다.

남편은 볼락 잡아서 통영 유명 식당에 공급하고 아내는 탕으로 끓여내는 곳이 있다. 메뉴는 제철회와 회덮밥, 볼락구이, 볼락 매운탕이 전부다. 단출한 메뉴 구성이 오히려 식당의 내공을 보여준다. 볼락 매운탕에는 어른 손바닥 크기의 볼락이 두 마리 들어 있다. 손바닥 크기

(왼)은하식당 (오)큰길횟집

지만 볼락계에서는 참치 급이다.

보통 우럭(조피볼락) 등 볼락과의 생선으로 탕을 끓이면 맑은 기름이 동동 뜬다. 살아 있는 볼락으로 끓이기에 살이 연하고 고소하다. 묵직한 중저음 같은 국물 맛에 제철 맞은 미나리의 향이 더해지니 매력이 마력으로 변한다. 아주 가끔은 수조에서 죽은 볼락이 밑반찬으로 나온다고 하는데 내가 간 날은 운이 나빴는지 죽은 녀석이 없어 맛볼 수 없었다.

볼락 매운탕 외에도 맛볼 수 있는 생선요리가 있다. 흔히 '도다리쑥국'이라 하는데 맛을 보면 이름이 잘못된 게 아니지 의구심이 바로 든다. 봄철에 먹는 도다리는 맛이 별로 없다. 막 산란을 끝낸 터라 살맛이 무르고 단맛이 적다. 산란하러 수온이 먼저 오르는 얕은 바다에 도다리가 몰리기에 많이 잡힌다. 한편 도다리가 몰리는 3월 초, 따스한 햇볕에 다른 것보다 먼저 돋아나는 게 쑥인데 맹한 도다리 맛을 보완하는 향신채로 더할 나위 없는 짝꿍이 아닐까 싶다. 도다리쑥국은 여럿이 모여 보글보글 끓고 있는 냄비에 쑥을 살짝 데쳐 먹는 것이 가장 맛있다. 물론 혼자 여행하는 이에게는 언감생심이지만 주문할 때 쑥을 많이 넣어 달라 하면 나름 아쉬움을 달랠 수 있다. 도다리쑥국의 주인공은 사실상 쑥이다.

고성 읍내 구경을 마치고 사천 방면으로 가다 보면 갈모봉 산림욕장 초입에 11시 30분에 문을 열고, 3시 30분이면 문을 닫는 국숫집이 있다(4월부터는 6시 30분까지). '면만드는사람들'이라는 식당 이름 그

영화식당

대로 직접 메밀로 면을 뽑는 식당이다. 11시 30분이 되기 전 주차장에 차가 속속 들어설 정도로 고성 사람들이 애정하는 식당 중 하나다.

50% 넘는 메밀과 볶은 곡식을 섞어 뽑은 면은 검은빛이 돈다. 순도 높은 메밀면처럼 후루룩 면 치기하기 쉽지 않고 가위가 필요 없을 정도로 질기다. 직접 낸 육수와 비빔장이 면과 잘 어울린다. 더욱이 면이 무한리필이어서 면 좋아하는 사람에게는 더할 나위 없는 곳이기도 하다.

고성은 경상남도 진주와 통영 사이에 있다. 화석이며, 공룡뼈 등을 모아놓은 박물관도 있고 심지어 고성에 있는 고속도로 휴게소 이름

면만드는사람들

이 공룡휴게소일 정도로 고성은 공룡과 관련된 것이 많은 고장이다. 아이들과 공룡 전시관을 구경할 참이라면, 통영이나 진주로 여행할 계획이라면 고성을 여행리스트에 넣어보자. 고성 오일장이 있는 1, 6일 전후로 맞춘다면 맛나고 재미있는 오일장 매력에 여행이 한층 즐거워질 것이다.

상점 정보

- 은하식당 **주소** 경상남도 고성군 고성읍 중앙로25번길 58 103호 **전화** 055-673-2766
- 큰길횟집 **주소** 경상남도 고성군 고성읍 중앙로 132 **전화** 055-674-4469
- 영화식당 **주소** 경상남도 고성군 고성읍 중앙로25번길 58 **전화** 055-673-4209
- 면만드는사람들 **주소** 경상남도 고성군 고성읍 이당 6길 19 **전화** 010-5631-4611

강원도 강릉

봄

강릉의 새벽시장은 특별하다

4월 20일, 문막 횡성휴게소를 지나는 사이 벚꽃은 바람에 꽃잎을 내주고 있었다. 평창과 대관령휴게소 사이에는 어제 핀 듯 벚꽃이 만발했다. 평지보다 계절이 느리게 가는 강원도는 여전히 봄이었다. 대관령 넘어 강릉행이다.

한창 커피와 빵으로 인기 만발인 강릉에서는 커피향이 사람을 불러들였고, 빵은 온 사람들을 주저앉혔다. KTX 타고 서울에서 강릉까지 다니는 빵 투어가 젊은이들의 유행이 되었다. 그래서 인기 있는 베이커리가 몰려 있는 중앙시장 주변에서는 주말이면 빵 봉지 들고 이리저리 다니는 사람들을 쉽게 볼 수 있다. 어정쩡한 축제로 사람을 모은 것과 달리 자생적으로 생긴 문화이기에 활기가 넘쳤다. 긴 줄에 서보면 그 힘을 느낀다. 억지 스토리와 축제에서는 느낄 수 없는 힘이 있다.

만동제과

나에게 강릉은 나물의 도시다. 식품 MD로 직장생활을 할 때 4월과 5월 사이 강릉을 제법 많이 찾았다. 볕이 잘 들던 대관령 아래 동네에 두릅과 엄나무 순을 재배하는 농원이 많았기 때문이다. 여행객들이 빠른 속도로 내려오는 고속도로 옆 골짜기마다 농장이 있었다. 파란 하늘 아래 태백산맥을 배경으로 새순을 올린 엄나무의 모습은 참으로 멋졌고, 맛졌다.

강릉과 이웃한 양양과 동해시에 커다란 장이 서는 탓에 강릉의 오일장도 크겠다고 생각했지만, 강릉은 오일장이 없다. 대신 매일 열리는 중앙시장과 성남시장이 있다. 두 시장 외에도 매일 새벽이면 남대

옻순이 제일이고 그다음이 오가피다.
옻순은 오가피보다 쌉싸름한 맛은 적지만 은은한 단맛이 좋다.

천 변에 장이 선다. 채소와 과일 그리고 약간 생선이 있는 작은 시장이지만 제법 재미난 시장이다. 열 시 넘어 도착한 첫날에는 시장이 파하는 중이라 볼 것이 없었다. 다음 날 작심하고 새벽 여섯 시경 나갔더니만 어제와는 사뭇 다른 풍경이었다.

일단 오가는 차가 많았다. 작은 시장이다 보니 필요한 물건을 사고는 바로 빠져나갔고 빈 주차 공간은 또 다른 차로 채워졌다. 계절이 계절인 만큼 나물이 대세. 강릉과 산 너머 진부에서 가져온 두릅과 엄나무 순이 대세 중의 대세. 그 사이사이에서 별미인 옻순이며, 오가피가 존재감을 뽐내고 있었다. 옻순, 오가피, 엄나무(일명 개두릅), 두릅, 독활(땅두릅), 시장에서 살 수 있는 새순 중에서 매길 수 있는 나름의 순서다. 물론 나의 취향 순서다.

옻순은 단맛과 쌉싸름함의 조화가 좋다. 나머지는 단맛보다는 쌉싸름함의 정도가 다르다. 두릅의 맛은 오가피보다 순하고 순하다. 이런 두릅을 가끔 방송에서 산나물의 제왕이라고 표현하는 걸 보면 실소를 하곤 한다. 아마도 산이 동네 어귀에 있는 동산이 아닐까 상상하면서 말이다.

새순을 사면서 미나리를 빼서는 안 된다. 줄기가 굵은 개량 미나리가 아닌 수변에서 자생해 줄기가 가는 돌미나리는 꼭 사야 하는 나물이다. 데쳐도 좋고 그냥 씻어 고기 쌈으로 먹으면 더 좋다.

새벽시장 구경을 끝내고 주문진으로 향했다. 어시장 구경을 위해서였다. 오일장이든, 어시장이든 시장을 볼 때 나름의 규칙이 있다.

철뚝소머리국밥
T. 033)662-3747
T. 033)662-3747
영업중 입니다.

첫째, 가격보다는 신선함이다. 둘째, 가격보다는 물 좋은 것이 먼저다. 초반에 취재를 다닐 때는 싼 거 위주로 발품을 팔았지만 소용이 없었다. 가격은 대동소이. 어떤 특정 장터만 그런 것이 아니었다. 다 같았다.

경험이 쌓여도 발품 파는 것은 여전하다. 단, 목적은 선도 좋은 것을 찾는 것. 같은 돈이라도 허투루 쓰지 않는 유일한 길이다. 싼 것을 찾으면 그에 맞는 맛을 고른다. 맛을 보고 고르면 가격만큼 맛을 본다. 가끔은 그 이상을 맛보기도 한다. '가성비'는 돈 낸 만큼, 값어치를 한다는 의미다.

어물전 구경을 끝내고 몇 가지를 샀다. 조개는 칼조개(정식 명칭은 접시조개)와 현지에서는 '째복'이라는 민들조개를 골랐다. 가끔은 비단조개라 부르기도 한다. 동해 조개는 국물이 깔끔하다. 살맛은 쫀득한 것이 서해와 다른 맛을 낸다. 지난 하동에서 산 우럭조개와는 또 다른 맛이다. 서해, 남해, 동해 각각 다른 조개가 나고 다른 맛을 품고 있다. 봄과 산이 나물을 내준다면 바다는 조개를 내준다. 4월과 5월 사이의 조개는 요리 똥손도 금손으로 만든다. 물 끓이는 것은 누구나 한다. 조개를 끓는 물에 넣는 것도 누구나 할 수 있다. 여기에 청양고추나 파를 넣어 취향 가득한 조개탕 완성이다. 그러면 조개가 알아서 간과 맛을 맞춘다.

그리고 선택한 것은 한치, 정확한 명칭은 화살꼴뚜기다. 제주 여름 별미 한치는 창꼴뚜기다. 한치 몇 마리를 신경만 끊어서 포장했다. 이렇게 포장하면 다음 날까지 선도 유지가 가능하다. 어시장에서는 시장에서 권하는 것보다는 내가 먹고 싶은 것을 골라야 한다. 앞서 이야기한 규칙을 염두에 두고서 말이다.

시장을 돌아다니다 보니 부쩍 배가 고파져 새벽시장과 어시장 사이에서 아침을 먹었다. 주문진이니 해장국으로 생선탕을 고민하다가 소머리국밥을 선택했다. 이 집을 왜 이제서야 왔는지 후회가 들 정도로 맛있었다. 잘 끓인 곰탕 국물을 먹는 듯한 착각이 들 정도로 깔끔했다. 뚝배기에 든 머릿고기의 양과 맛은 최고 중 최고였다. 뚝배기 안 국물과 고기만 맛있는 것이 아니었다.

국물에 맞게 익은 김치는 조연이 아니라 주연급이었다. 옆에 놓인 엄나무순 무침이며 미나리도 구색으로 놓인 것이 아니었다. 몇 가지 반찬을 놓고 먹다가 나중에야 고추장아찌가 눈에 들어왔다. 큰 실수였다. 고추지가 반전의 맛이 있었다. 매운 듯 아닌 듯한 맛이 입안을 리셋했다. 전국을 다니며 먹어본 소머리곰탕 중에서 가장 맛있었다. 웬만해서는 글 쓰다가 먹은 음식이 생각나지 않는데 이 국밥은 생각

철뚝소머리집

이 난다. 깔끔한 국물을 품고 있는 밥 위에 신김치 얹어 우걱우걱 씹는 맛을 상상한다. 머릿고기 한 점 올려서 말이다. 침이 고인다.

◇◇◇◇◇

딸아이는 해물을 거의 먹지 않는다. 비린내에 예민하다. 비린내가 없는 초밥도 코를 막고 겨우 맛만 볼 정도다. 남들은 없어 못 먹는 대게나 대하도 입에 대지 않는다. 냄새를 맡지 못한다. 그런 아이와 강릉 여행을 위해 고기 메뉴를 찾다가 발견한 식당이 있다. 메뉴로 돼지갈비와 껍데기만 있는 곳이다. 메뉴판이 단순한 식당일수록 내주는 음식에 공력이 가득 차 있을 확률이 높다. 앞서 소머리국밥처럼 말이다.

연탄을 넣을 수 있는 공간과 둥그런 탁자가 붙은 불판 몇 개가 놓여 있는 이 식당은 서시장 근처에 있다. 주문하는 사이 대학생 또래의

대관령돼지갈비

친구들이 들어와 자리를 잡았다. 단골인 듯 주문하는 모양새에 거침이 없다.

요즈음 물가에 직접 포를 뜬 돼지갈비 1인분이 1만 2천원이라니. 구워진 고기를 맛봤다. 단맛이 있어도 여느 돼지갈비처럼 치고 나오지 않았다. 적당한 단맛으로 그 본분을 잘 지키고 있었다. 밥 주문할 때 나오는 된장국은 강원도 막장으로 끓여 검은빛이 돌았지만 제대로 끓인 된장찌개였다. 상추에 고기와 밥을 얹고 먹은 다음 마무리로 막장찌개 한 수저. 그렇게 몇 번 하다 보면 고기를 추가 주문한다. '강릉까지 와서 돼지갈비는 무슨 돼지갈비?' 하는 사람을 떨구고 가도 될 만큼 맛있다.

상점 정보

- 만동제과 **주소** 강원도 강릉시 금성로 6 **전화** 033-922-6387
- 철뚝소머리집 **주소** 강원도 강릉시 주문진읍 철둑길 42 **전화** 033-662-3747
- 대관령돼지갈비 **주소** 강원도 강릉시 옥천로 48 **전화** 033-642-4438

경상남도 하동

봄

산과 바다의 중심에서 만나는 하동

전국을 20년 동안 꽤 많이 다녔다. 얼추 백만 km는 되지 않았을까 싶다. 산이 좋은 곳, 강이 좋은 곳, 아니면 바다가 좋은 곳은 대한민국에 많다. 그중에서 산도, 강도, 바다도 좋은 곳은 우리나라에서 하동이 유일하지 않을까 싶다. 지리산을 돌고 돌며 흐르는 섬진강이 바다와 만나는 끄트머리가 하동이다. 물론 광양과 공유하고 있지만 말이다. 하동은 꽤 많이 다닌 동네다. 그래서 하동 가는 길은 항상 반갑다. 오래 묵은 친구를 만나러 가는 기분이다.

누구나 알고 있는, 경상도 전라도가 만나는 화개장터. 화개장터가 관광객 대상이라면 하동 오일장은 동네 사람들이 애용하는 장터다. 2, 7 숫자가 든 날에 열려서 '2, 7장'이라 불리는 이 시장에 들어서면 근처 바다에서 온 것들이 장터 한편을 가득 채우고 있다. 사실 그동안 하동으로 출장을 다닌 이유는 녹차, 매실, 한우, 배였다. 하동에서 바

하동도 남해와 바다를 공유한다.
손질해서 파는 우럭조개로 끓인 미역국은 세상에 둘도 없는 미역국이 된다.

고하 버거앤카페

다 것을 찾지 않다 보니 바다가 있는 하동임에도 수산물을 전혀 생각하지 않았다. 섬진강에서 나는 재첩 대신 바다에서 온 바지락, 대합, 백합, 우럭조개가 행인을 유혹하는 모양새가 왠지 낯설었다.

하동에서 바다를 바라보면 오른쪽은 여수와 광양, 아래와 왼쪽은 남해와 사천이다. 지리산의 영양분이 섬진강 따라 바다로 흘러 들어간다. 바다 아래에 자리 잡은 조개들이 그 영양분을 먹으며 산란을 준비하는 시기가 바로 지금이다. 벚꽃이 지고 참게와 은어는 아직 맛이 안 차는 시기, 하동에서 찾아야 할 것은 남해의 조개다. 흰 바탕에 줄무늬만 있는 우럭조개. 낯선 조개지만 지역에서 사랑받는 조개 중에 하나. 다른 조개처럼 해감만 해서 먹는 것이 아니라 손질이 좀 귀찮다. 살을 발라내고는 수관 부분을 손질해야만 제대로 된 맛을 즐길 수 있다. 그렇게 손질한 것으로 미역국과 숙회 무침을 만들면 최고의 맛이 난다.

어느덧 밥 때가 되어 하동 읍내에서 20km 떨어진 고하에 햄버거 먹으러 갔다. 봄비가 추적추적 내리는 장날. 장터 구경을 끝내고 굳이 빗속을 달려간 까닭은 '궁금함' 때문이었다. 서울, 부산, 대구 등 각자의 직업을 가지고 있던 젊은이들이 고하에 모여 햄버거 가게를 차린 곳이라 들어 그 까닭이 궁금했다. 물론 주말이면 대기 줄이 길어진다는 햄버거 맛도 궁금했다.

이들의 공통점은 두 가지. 하나는 젊다는 것과 또 하나는 여행을 좋아한다는 점이었다. 그렇게 지인의 지인 소개로 만나 의기투합했고 그 결과물이 '고하 버거앤카페'다. 마을에 버려진 쌀 창고를 개조해 노란색 외관을 가진 햄버거 가게를 차렸고, 당시의 우려를 뒤로하고 현재 맛집으로 순항 중이다.

주문하며 던진 이런저런 질문을 통해 어느 정도 궁금증이 해결됐다. 그다음 해결할 것은 햄버거의 맛. 처음 가는 햄버거 가게에서는 우선 기본을 시킨다. 가격이 가장 저렴하기도 하지만 보통 기본 햄버거가 맛있으면 다른 햄버거 맛은 안 봐도 알 수 있다. 햄버거에서 가장 중요한, 패티와 번은 주방에서 만든다고 한다. 나온 햄버거를 꾹 눌러서 포크와 나이프를 써서 먹으라는 이야기에 고개를 저었다. 포크와 나이프를 햄버거에 대는 것은 예의가 아니기 때문이다. 접시를 내 쪽으로 바짝 당겨 떨어지는 소스 받을 채비를 했다. 두 손으로 햄버거를 잡고는 크게 베어 물었다. 적절한 지방, 적절한 짠맛이 입안을 강타한다. 구수한 번이 지방과 소금의 질주를 다독거린다. 같이 간 이와 동시에 "맛있다"를 외쳤다. 하동에 가면 재첩국만 생각했는데 이제는 햄버거도 추가다.

◇◇◇◇◇

오랜만에 쌍계사에 올랐다. 벚꽃 필 무렵 쌍계사 주변은 꽃구경 나온 이가 활짝 핀 벚꽃 수와 맞먹을 정도로 많다. 꽃이 지면 다시 고즈넉한 풍경으로 돌아오는데 이때, 가장 아름다운 길로 변한다. 간간이 오가는 차만 있을 뿐, 길 옆 벚나무는 눈과 마음이 편안해지는 초록색 터널을 만든다. 봄 초록이 긴 여운을 지닌 채 다가오는 시기다. 그 사이를 잠시 걷거나 둘러보기만 해도 마음이 차분해진다.

콩사랑차이야기

그렇게 조금 걷다가 재첩이나 참게 전문 식당 사이에 두부 파는 식당에 들어섰다. 여기서 주문해야 하는 것은 두부 백반인데, 나는 무슨 생각인지 두부 전골을 주문했다. 두부 백반은 모두부를 콩물에 끓여 먹는 음식이다. 전골은 버섯과 두부 넣고 끓여 먹는 것. 나온 음식을 맛있게 먹었다.

보통 두부 전골은 양념이 강한 곳이 많은데 이 식당은 다른 곳과 달리 고춧가루를 아주 조금만 사용했다. 그래야 온전히 고소한 두부 맛을 볼 수 있기 때문이다. 실제로 양념이 과하지 않으니 전골 재료로 쓰인 식재료의 온전한 맛을 즐길 수 있었다.

식사를 끝내고 나가면서 다른 식탁의 두부를 보니 내가 먹었던 전골과 다른 모양새다. 하얀 콩물에 두부가 끓고 있었다. 그제야 메뉴를 착각해서 전골로 주문한 것을 알았다. 우리 테이블만 빼고는 전부 다 두부 백반을 먹고 있었다. 아침마다 만드는 두부가 고소함을 제대로 품고 있다. 두부를 좋아한다면 하동을 가야 할 만큼 맛있다.

상점 정보

- 고하 버거앤카페 **주소** 경상남도 하동군 고전면 하동읍성로 571 **전화** 0507-1318-7982
- 콩사랑차이야기 **주소** 경상남도 하동군 화개면 화개로 52 **전화** 055-882-8313

강원도 고성

봄

고성에서 만나는
동해의 선물

강원도 고성으로 향하는 발걸음이 가볍지만은 않았다. 몇 주 전에 난 산불이 마음에 걸렸다. 십몇 년 전, 내가 살고 있던 아파트가 전소된 적이 있다. 그것도 추석날 당일에 말이다. 잊을 만한 세월이 흘렀건만 불났다는 뉴스만 봐도 여전히 그때의 암울함이 생생히 떠오른다. 속초 IC를 나오니 바로 화재 현장이 보였다. 불기운에 무너져 내린 창고, 뼈대만 남은 집, 타버린 교회 등 불난 당시의 참혹함이 그대로 전해졌다. 시간이 쌓이면 불난 흔적은 사라지지만 마음속 생채기는 쉬이 사라지지 않는다. 피해자분들이 기운 내시기를 빌며 고성으로 향했다.

강원도는 높은 산이 많기에 추위가 빨리 오고 늦게 간다. 추운 강원도는 태백산맥 너머의 평창, 태백, 영월, 화천 등 서쪽이다. 동해를 품고 있는 고성, 양양, 속초는 서쪽과 비교해 상대적으로 따듯하다. 한겨울 영하 10도가 넘는 미시령이나 한계령을 넘어 바닷가가 가까워질수록 온도가 올라 영상 1도 내외로 따듯하다. 봄바람에 산들산들 흔들리는 벚꽃이 한창이다. 성급히 핀 바닷가의 벚꽃은 이미 꽃잎 날리며 지고 있었다. 벚꽃 너머의 설악산은 이미 봄이건만 산꼭대기는 하얗다. 며칠 전 내린 폭설의 흔적이다. 곳곳에 만개한 벚꽃을 보며 고성의 중심, 간성으로 갔다.

간성장은 2, 7일 장으로 오전 10시면 서서히 장이 선다. 다른 오일장은 동틀 무렵부터 장터에 사람이 가득한 것과 달리 점심 무렵이 돼야 사람들이 몰린다. 쑥, 머위, 두릅 등 봄나물이 대부분이지만 장터 한

가운데에 몇 개씩 쌓아 올린 미역이 눈에 띄었다. 미역이야 어디서든 살 수 있지만 고성의 미역은 따듯한 남쪽 바다에서 나는 미역과 결이 다르다.

동해안에서 나는 미역은 완도에서 나는 미역과 종이 다르다. 완도 미역은 남방계 미역으로 보드랍다. 동해에서 나는 미역은 북방계 미역으로 줄기가 억세어 완도산과 달리 씹는 맛이 있다.

피자 박스 노끈으로 대충 묶은 미역 다발이 정겹다. 파도에 휩쓸려 나온 것과 바위 근처에서 난 미역을 채취해 반안해수욕장 한편에서 바람과 햇볕에 말려 파시는 할머니가 미역 부스러기를 건네신다. 미역을 씹으니 짜다. 짠맛에 침이 나와 딱딱했던 미역이 이내 부드럽게 씹히다가 은근한 단맛을 살짝 내비치고는 사라졌다. 오랜만에 맛있는 미역을 샀다. 6천 원이라는 가격이 믿어지지 않을 정도로 좋은 미역이다. 이렇게 '득템'을 외칠 수 있는 게 오일장만의 매력이다.

◇◇◇◇◇

동해안을 품고 있는 고성은 몇 km 거리를 두고 작은 포구가 있다. 포구마다 어촌계에서 운영하는 작은 규모의 회센터와 어시장이 있는데 1층에서 싱싱한 횟감과 수산물을 볼 수 있다. 가진항 어촌계에서 운영하는 물회 센터와 문어의 집산지 최북단 대진항의 회센터가 나름 유명하다. 오일장 구경을 끝내고 최북단 대진항으로 향했다.

4월은 엎드린 돼지 모양의 저도(猪島)어장이 열린다. 고성군 앞바다 지역으로 북방한계선(NLL)과 1km 떨어진 동해안 최북단 어장이다. 4~12월에 한시적으로 조업을 허용하는지라 3개월 동안 조업을 못 해 다양한 어종과 풍부한 어획량을 자랑한다. 다양한 어종 중에서 특히 문어가 많이 잡힌다. 새벽에 조업 나간 배들이 점심시간 지나면서 한두 척씩 항구로 속속 들어오기 시작하면 문어 경매를 시작한다.

전설 속의 괴물 크라켄 손자인 듯싶은 크기의 10kg 넘는 대문어부터 1kg 정도 나가는 작은 문어까지 다양한 크기의 문어가 경매에 부쳐진다. 저도어장이 열리기 전에는 문어 가격이 비싸지만 어장이 열린 다음부터는 풀리는 날씨만큼 빠르게 가격이 내려간다. 어촌계에서 운영하는 수산시장에도 문어가 가득하다. 수산시장에서 팔리는 문어 가격이 1kg에 3만 원이다. 문어를 고르면 바로 그 자리에서 쪄 준다. 회센터 2층 초장 집에서 먹을 수도 있다. 얇게 저며 접시 가득 채운 문어 숙회 한 접시에 몇만 원 한다. 식당에서 낼 금액이면 대진항에서는 문어로 배를 채울 수 있다.

대진항이 동해안의 최북단 어장이라면, 고성의 최대 항구는 가진항이다. 오전에 주변 바다에서 잡아 올린 수산물 경매가 열린다. 대구, 광어, 우럭부터 홍게, 대게 등이 배에서 꺼내 진열이 끝나면 경매 시작이다. 이중 경매에는 임연수가 가장 많이 오른다. 살아서 팔딱팔딱 뛰는 임연수의 비늘은 빛난다. 그러나 죽는 순간, 빛나던 비늘은 사라지고 이내 줄무늬가 몸통에 나타난다. 경매장 한편에서는 잡아온 임연수를 바로 손질해 염장한다. 횟감으로 최고인 돌참지, 청어도 눈에 띈다. 팔린 생선은 속속 주변 식당으로 간다.

◀ 강원도에서 문어를 산다면 화진포다.
가격도 저렴해 아는 사람들은 멀리까지 찾아오는 곳이다.

◀ 다리가 떨어진 홍게.
다리는 떨어졌지만 속살은 꽉 차 있었다. 속을 봐야 손해를 안 본다.

거진항 경매장 옆에는 난장이 있다. 경매가 끝난 수산물이 팔리는 곳이다. 활기차게 움직이는 홍게도 있지만 다리가 떨어지거나 죽은 홍게가 열댓 마리가 수북이 쌓여 있다. 가격을 물으니 대게 한 마리 가격인 7만 원이다. 대게보다 선호도가 떨어지는 홍게의 가성비는 대게가 범접할 수 없을 정도로 좋다. 살맛도 좋거니와 대게 한 마리 가격으로 푸짐하게 먹을 수 있다. 만약 여럿이 간다면 대게보다는 홍게가 좋다.

◇◇◇◇◇

작은 포구에서 현지의 맛을 즐기는 방법 중 하나가 포구 주변 골목을 탐색하는 것이다. 버스가 다닐 정도의 큰 도로는 대부분 관광객을 위한 식당들인 반면 작은 골목이나 포구에서 조금 떨어진 선착장 주

봉포맛집

변에는 뱃일을 끝낸 이들이 찾는 작은 식당들이 많다. 그래서 포구 여기저기를 다니며 메뉴를 선택하는 재미가 꽤 쏠쏠하다. 마치 소풍 가서 보물찾기와 같은 재미다. 애써 찾은 보물 쪽지가 꽝인 경우도 있지만 쏠쏠한 선물을 안겨주는 쪽지처럼 맛있는 집을 발견하기도 한다.

저녁을 먹으러 포구마다 들리다가 '문어 육개장'이 눈에 띄었다. 재미난 이름에 고민 없이 문을 열고 들어갔다. 감과 촉으로 선택해 실패한 경험도 꽤 있지만 실패 또한 여행의 재미인지라 항상 감과 촉을 믿고 선택한다. 문어 육개장 국물을 먼저 맛보니 얼큰한 맛이 괜찮았다. 토란대, 고기, 문어 등이 꽤 들어 있는 건더기도 마음에 쏙 들었다. 오랜만에 '감과 촉'이 제대로 발동했다.

상점 정보

- 봉포맛집 **주소** 강원도 고성군 토성면 토성로 43 **전화** 033-635-4537

봄

표고도 맛이 있다!
원목 표고버섯의 중심, 부여

시장에 고구마순이 보인다는 것은 곧 여름이 온다는 신호다. 감자는 씨감자를 심지만 고구마는 모종을 심는다. 5월과 6월 사이에 고구마 모종을 심어 가을에 수확한다. 슬슬 고민의 시간이 길어진다. 어디로 갈지에 대한 고민이다.

계절이 바뀌는 시기에는 농산물 작기와 작목이 바뀐다. 끝물과 첫물이 교차한다. 뭐가 있으면서도 없는, 그런 애매할 때다. 어디로 갈까 하다가 석가탄신일인 5월 19일, 1박 2일 일정으로 부여로 떠났다. 참고로 부여장은 5와 0이 든 날에 열린다.

부여는 표고버섯을 전국에서 7% 정도 생산한다. 전남 장흥과 함께 대표적인 원목 표고버섯의 생산지가 부여다. (참고로 양송이버섯은 전국 생산량의 57% 정도 차지한다고 한다.)

원목재배 버섯은 봄가을에만 수확할 수 있다. 너무 덥거나 추우

면 버섯이 자라지 않는다. 적당한 온도, 적당한 습도에 바람이 더해져야 좋은 버섯이 많이 나온다. 표고버섯 재배에는 원목재배와 배지재배 방식, 이 두 가지가 있다. 배지재배는 환경을 조절하면서 6개월 정도가 되면 수확이 가능한 방식이다. 이렇게 1년 내내 수확을 할 수 있으며 봄가을이 따로 없다. 환경이 같으니 균일한 품질이 가능하다. 시장이나 슈퍼마켓에서 1년 내내 표고버섯을 볼 수 있는 이유이기도 하다. 환경이 일정하다 보니 겉보기는 좋아 보인다. 표면이 깨끗하고 깔끔해서 소비자들이 선호하는 모양새다.

원목재배는 절단한 참나무에 구멍을 뚫어 접종하는 방식이다. 그리고선 햇빛이 들지 않는 곳에 두고 1년 6개월 정도를 기다려야 한다. 너무 덥거나 추우면 버섯이 자라지 않기 때문이며 그래서 적당한 날씨인 봄가을에만 수확할 수 있다. 충청도를 지날 때 보면 벌목한 산이 가끔 보이는데, 원목재배를 통해 표고버섯을 수확하려고 하는 것이다.

이렇게 보면 상식적으로는 1년 6개월을 기다려야 하는 원목이 비쌀 듯싶지만 사실상 가격 차이가 나지 않는다. 한쪽은 시간을 들여야 하고, 한쪽은 시설비에 온도 조절 비용이 더해지는 차이점이 있어 뭐가 좋다 나쁘다를 이야기하기는 어렵다. 다만 표고버섯을 먹는 이유를 곰곰이 생각해 보면 원목이 맞다. 표고는 향으로 먹는 버섯이라 많은 시간과 정성을 들이는 만큼 향과 맛이 깊어지기 때문이다.

백제의 마지막 수도였던 부여. 땅을 파는 곳마다 유물이 쏟아지는 곳인지라 개발이 다른 곳보다 느리다. 부여 읍내 한가운데에 정림사

표고농부네김밥

지가 있다. 또 그 옆에 '표고농부네김밥'이 있다. 원목재배를 하는 농부가 운영한다. 김밥에 들어가는 재료 중에서 달걀과 표고는 직접 재배한 것을 사용한다. 첫날에 이곳저곳 구경하다가 천천히 갔더니만 재료 소진. 석가탄신일이라 사람이 많았다고 한다. 그래서 다음 날 장터 구경을 끝내고 가니 몇 팀이 대기 중이었다. 매장에서 기다리는 사람들 외에도 미리 전화 주문한 이들이 바쁘게 오간다. 주인장이 김밥 싸는 모양새를 보니 그럴 만해 보였다. 재료를 아끼지 않는다.

간장에 볶은 표고버섯이며 유정란 지단도 듬뿍 들어간다. 다만 당근 양은 조금 줄였으면 하는 바람이 있다. 당근 향이 표고버섯 향을 밀어낸다. 그래도 일단 재료가 좋으니 김밥이 맛이 없을 수가 없다. 다음에 다시 가서 매운 표고버섯 김밥과 멜론 장아찌 김밥도 먹어 볼 생각이다.

광명식당

옹달샘

김밥도 여행 첫날에 먹지 못했지만 마찬가지로 사람이 많아 먹지 못했던 곳이 있다. 표고버섯 덮밥과 구이를 하는 곳이며 식당 위치가 석가탄신일 사찰 입구에 있다.

앞서 언급한 표고버섯 김밥처럼 지역에서 나는 것을 참으로 편하게 내는 식당이었다. 구이는 말 그대로 버섯을 기름에 구워내고는 소금 솔솔 뿌려 내주는데 먹으면 버섯 향이 입안에 가득해진다. 덮밥은 표고버섯과 다른 버섯을 넣고 볶아 거기에 달걀 프라이 하나 얹었을 뿐이다. 먹으면 맛있다는 소리가 절로 난다. 같이 내는 반찬도 맛있다. 특히 표고버섯 넣고 만든 묵은 압권이다. 따로 묵밥을 만들어 먹고 싶다는 생각이 들 정도다. 묵은 따로 판매도 한다. 안 사면 후회할 아이템이다. 식당을 나와 1000년이 된 고찰 무량사 한 바퀴 돌아도 좋다. 다른 사찰들은 산 중턱에 있어 등산할 각오를 해야 한다. 여기는 산문과 극락전 사이가 가깝다.

◇◇◇◇◇

부여 특화거리에 '옹달샘'이라는 이름의 국수집이 있다. 칼국수, 잔치국수, 비빔국수 등을 낸다. 내가 먹은 메뉴는 잔치국수도, 칼국수도 아니고 콩국수다. 계절이 계절인 만큼 슬슬 콩국수 즐기기 좋지만 그날은 비가 온 탓에 쌀쌀했다. 날 더울 때 시원한 콩국 들이키며 먹어야 제맛이지만 그래도 맛이 좋았다.

이 집은 부여와 이웃한 청양에서 계약 재배한 콩을 쓴다고 한다. 콩과 소금만 넣었을 뿐인데 참으로 맛있었다. 들어갈 때 한창 무치던

겉절이와 함께 먹으니 꿀맛이 이런 것인가 했다. 콩국수 가격이 6천원. 국내산 콩으로 했음에도 가격이 착해도 너무 착했다. 콩국수를 먹고 있으니 장을 다 본 할매 세 분이 들어서면서 칼국수를 주문하신다. 국수 다 먹고 나오면서 보니 칼국수에 낼 국수를 썰고 있었다. 맛을 보지 않고, 들어가는 정성을 보지 않고 싸니 비싸니 논하는 것은 부질없다. 정성스레 반죽 써는 모습을 보니 맛을 보지 않아도 그 맛을 알 수 있었다. 다음에 온다면 칼국수다.

부여를 구경 삼아 가기는 처음이었는데 의외로 매력이 넘치는 곳이다. 박물관, 부소산성을 비롯해 볼거리가 가득하다. 다만 구경 다닐 때마다 표를 끊어야 하는 불편함이 있어 군에서 운영하는 곳을 한목에 묶어서 패스로 운영하면 좋을 듯싶다. 할인까지 해준다면 금상첨화일 것이다.

상점 정보

- 표고농부네김밥 **주소** 충청남도 부여군 부여읍 석탑로 25 **전화** 041-833-5537
- 광명식당 **주소** 충청남도 부여군 외산면 무량로 192 **전화** 041-836-5176
- 옹달샘 **주소** 충청남도 부여군 부여읍 성왕로 186 **전화** 041-835-0660

전라남도 구례

봄

제피 사러 갈까?
구례 토종닭 구이 먹으러 갈까?

어느 마을이든 앞산 하나쯤, 혹은 조금 높은 뒷동산 하나를 가지고 있다. 배산임수(背山臨水), 뒷산 앞을 유유히 흐르는 실개천과 우뚝 솟은 산이 있는 곳을 흔히 '명당'이라고 하는데 뒷동산은 지리산, 마을을 지나는 실개천은 섬진강인 전라남도 구례의 오일장을 보러 갔다.

구례 오일장은 식당가와 장터가 명확히 구분되어 있다. 그중 식당가 간판 중 '38점빵'이 눈에 띄었다. '38점빵? 38선하고 관련 있나?' 싶어 물어보니 3일과 8일, 장날만 문을 여는 식당이기에 이름을 그리 붙였다고 한다. 가을에 능이나 버섯이 나오면 버섯국수를 팔고, 그 외 계절에는 산나물 비빔밥을 파는 곳이다. 산나물이 십여 가지 들어가면 8천 원, 내가 맛본 날은 나물 가짓수가 적어 7천 원이었다. 가짓수가 적다고 했지만 미나리, 죽순, 쑥부쟁이, 엄나무 순, 오가피 순 등 맛난 나물에 텃밭에서 키운 상추까지 갖출 건 다 갖추었다. 구례에서 나

38점빵

는 유정란과 쌀 그리고 직접 담근 고추장까지 좋은 재료로 꽉 채운 비빔밥이었다.

들판을 적실만큼 봄비가 충분히 내려 반가웠지만, 장터는 생각보다 썰렁했다. 순천과 남해와 인접한 구례는 수산물과 임산물이 모이는 제법 규모 있는 장터다. 비바람에 팔러 나오는 이도, 사러 나온 이도 적었다. 그래도 있을 건 다 있었다. 그중에서도 구례 내려가면서 꼭 사 와야지 하는 것이 있었는데 바로 '제피'다. 제피는 우리나라에 나는 향신료 중 하나다. 제주도의 자리돔 물회를 먹을 때 빠지지 않고 나오는 이파리가 바로 제피다. 비린내 없애는 데 제피만 한 것이 없다.
그 잎은 생으로 매운탕이나 물회에 넣어서 먹거나 장아찌를 담가 먹기도 하는데 개인적으로 한여름에 부추 대신 제피 잎만 넣고 부쳐 먹는 전을 좋아한다. 씹을 때마다 입안을 감싸는 제피의 내음이 그만이다. 제피 열매는 갈아서 추어탕이나 어죽에 넣기도 하는데, 지리산 인근의 함안, 남원, 구례 등지의 식당에 가면 후추보다는 제피가 많이 놓여 있다. 후추나 산초와 같이 아린 맛이 있으면서도 둘과 달리 상큼한 맛이 있다. 제피 한 바구니에 5천 원. 장아찌를 담글 요량이면 두 바구니 사면 딱 맞다. 제피 한 바구니를 사고 조금 걸어 제피 부각 파는 곳으로 갔다. 찹쌀풀을 만들어 재료에 발라 말린 것이 부각이다. 김에 바르면 김부각, 가죽나물(참죽나물) 부각 등 재료에 따라 다양한 맛을 낸다.

처음 장터에 들어섰을 때는 쟁반 가득했던 제피 부각이 그새 거의 팔려나갔다. 행여 누가 사갈까 서둘러 자리에 앉아 돈부터 내밀었다. "여덟 개 만 원인데, 다섯 개밖에 읎네, 김부각이랑 섞어 줄까?" 하며 부스러기 제피 부각을 할머니가 내밀었다. "아뇨, 가죽부각하고 섞어 주세요." "가죽부각은 비싸서 하나밖에 못 주는데 괜찮혀?" 고개를 끄덕이고 돈을 내미니 "후라이팬에 살살 구워, 그럼 쪼께 부풀거든, 그렇게 먹어."

제피부각을 다 사고 둘러보니 여느 장터처럼 초입의 만두와 호떡, 도너츠 파는 점포에 사람이 붐볐다. 그중 뻥튀기 장사도 있었지만 다른 지역과 사뭇 달랐다. 보통은 차에 뻥 튀기는 기계와 가스를 싣고 왔다가 장이 파하면 떠나는데, 구례는 세 집이 나란히 점포를 열고 있었다. 상설 뻥튀기 점포였다. 노년의 할머니 두 분, 그리고 부부가 운영하고 있었다. 보통 두세 명은 순서를 기다리며 이런저런 이야기로 시

봄과 여름 사이 시골 장터에서 제피잎 구매는 필수다. 나처럼 향신료를 좋아하는 사람에게는 천국이 따로 없다.

당치산장민박

간을 보내는 모습이지만 비의 영향인지 기다리는 사람이 거의 없었다. 길만 막히면 여지없이 나타나는 장사꾼도 항상 들고 있는 게 뻥튀기 아니던가. 올라가는 길, 길동무 삼으려 옥수수 뻥튀기 한 봉지 샀다.

◇◇◇◇◇

구례 혹은 순천이나 하동에서 몇몇이 자리 잡고 먹기 좋은 음식도 따로 있다. 바로 닭이다. 국내 유원지 어디를 가든 토종닭 파는 곳이 있다. 한 집 건너 하나일 정도로 많지만, 이 지역에서는 다르게 숯불구이로 낸다. 닭 한 마리를 주문하면 두 달 정도 키운 토종닭의 살을 발라내 부위별로 굽는데 먼저 닭다리, 날개, 가슴살 순으로 준다. 껍질이 붙어 있는 다리살을 먹으면 지금까지 닭구이를 왜 안 먹었는지 자책하게 되는 맛이다. 푹 삶아 흐물흐물한 백숙의 껍질과 달리 숯불 향이 나는 껍질은 닭구이의 정수(精髓)다. 소금만 뿌리고 구웠을 뿐인데 씹는 맛이 압권이다. 잘 구운 날개를 먹으면, 닭 날개가 지네의 다리처럼 많았으면 하는 상상에 빠진다. 그렇게 먹고 남은 닭 뼈로 육수를 내 끓인 죽으로 마무리한다. 닭요리야 어디서든 먹을 수 있지만, 닭구이는 구례, 하동, 순천에서 맛볼 수 있어 의미 있었다.

상점 정보

- 38점빵 **주소** 전라남도 구례군 구례읍 5일시장 작은길 20 나동 02-1호 **전화** 061-781-1471
- 당치산장민박 **주소** 전라남도 구례군 토지면 당치길 145 **전화** 061-782-7949

전라남도 무안

봄

여기서 낙지만 찾으면 무안하지

전라남도 신안군 증도에 식재료 강연으로 내려갈 일이 생겼다. 그 먼 증도로 갈 생각을 하니 깜깜했다. 그런데 날짜를 보니 강연 다음 날이 무안장이라 떡 본 김에 제사 지낸다고 흔쾌히 강연을 수락했다. 게다가 5월 초순, 햇양파와 햇마늘 수확이 한창인 무안 구경도 좋을 듯싶었다.

남쪽으로는 목포와 영암, 서쪽은 신안, 동쪽으로 나주, 북쪽으로는 함평과 맞대고 있는 무안은 바다와 노령산맥 끄트머리의 반도를 품고 있어 산물들이 많이 난다. 그중에서 유명한 것이 바로 낙지와 양파다. 무안에 들어서면 양파즙 판매장이나 양파 저장고를 심심치 않게 볼 수 있다. 라면 하나 먹어도 아삭하고 새콤달콤한 양파김치가 나오는 동네가 무안이다. 낙지 파는 식당이나 판매장은 과장 조금 보태서 한 집 건너 한 집일 정도로 많다.

무안을 지나 증도로 가는 길, 이번 출장길에 낙지 요리는 피해 보자고 결심했다. 봄과 여름이 교차하는 시기, 낙지도 맛있지만 계절의 맛을 품고 있는 다른 것을 즐겨보자 생각했다. 물론 낙지보다 못할 수도 있지만 나름 다른 것을 찾는 행위 또한 여행의 재미라 생각하기에 그렇게 했다.

무안 오일장은 매월 4, 9일 들어간 날에 열리는 4, 9장이다. 2년 전 새로운 곳에 터를 마련해 오일장을 열고 있다. 천장이 있어 비가 오든, 눈이 오든 상관없이 편하게 장을 볼 수 있다. 장터 한편에 널찍한 주차장까지 마련되어 있어 이래저래 장보기가 다른 장터보다 편했다.

낙지로 유명한 무안답게 장터에서 호떡집만큼 불난 곳이 낙지 파는 곳이다. 전라남도 여수, 순천 장흥 등지에서 잡힌 낙지와 200km 넘는 해안가를 지닌 무안 곳곳에서 잡힌 낙지가 같이 팔리고 있었다. 여수 등 깊은 바다에서 잡힌 낙지는 무안 갯벌에서 잡힌 세발낙지와 달리 큰 몸집이다. 주로 볶음용으로 사가고, 작은 몸집의 무안 낙지는 탕탕이나 연포탕용으로 팔렸다. 크기는 달라도 가격은 비슷했다.

오일장터에 들어서자마자 눈여겨봤던 족편이 장터를 두어 바퀴 돌고 나니 바닥을 들어내고 있었다. 서둘러 지갑에서 5천 원을 꺼내 세 덩어리를 샀다.

족편은 쇠족으로 만든 묵이다. 족을 푹 고아서 식히고, 굳혀 만드는 단순한 과정이지만 시간이 여섯 시간 이상 걸리는 탓에 쉽게 만들어 먹기 어려운 음식이다. 족편은 우족에 풍부하게 들어 있는 콜라겐이 삶는 과정에서 녹았다가 식히면 다시 굳어지는 성질을 이용한 음식이다. "내가 말여, 우족을 푹 과, 그리고 식혀, 또 껍질을 푹 과, 두 놈을 합쳐, 그리고 굳혀, 짤라, 그래서 가지고 나온겨" 족편 담긴 봉지를 건네며 할머니가 한 마디 더 보탰다. "초장 찍어 먹어, 맛나."

무안에서 딴 건 몰라도 곱창김을 사야 한다. 지난번 청산도 출장길에 산 곱창김을 진작 먹은 탓에 무안 출장길에 꼭 사려고 했다. 낙지와 양파가 유명한 무안에서 그에 못지않게 유명한 것이 황토다. 무안 갯벌은 황토와 펄이 적절히 섞여 있어 나는 것들마다 맛이 다르다. 그런 무안 갯벌에 나무 장대를 박아 줄로 연결해 김을 양식하니 맛이 특

ICE ZONE
unifrutti

별할 수밖에 없다. 게다가 양식한 김이 곱창김이라면 말할 필요 없이 지갑을 열어야 한다.

밀물과 썰물의 차가 크고 해안의 수심이 낮은 곳에서 김을 양식하는 방법이 지주식이다. 지주식으로 양식한 김은 부유식(수심이 깊은 곳에서 부력체에 김발을 연결해서 하는 양식)과 달리 생산력이나 때깔은 좋지 않으나 김 특유의 향이 강하다. 지주식 김 중에서 향이나 단맛이 뛰어난 김이 곱창김이다. 곱창김은 참기름 바르고 소금 쳐서 굽는 것보다는 김만 오롯이 구워 먹는다. 참기름 향은 김 향을 방해할 뿐이다. 구운 김에 하얀 김이 나는 밥을 올려 양념 안 한 간장에 찍어만 먹어도 12첩 반상이 부럽지 않다.

어류 중에서 바다에서 생활하다가 산란은 강이나 하천에서 하는 것들이 꽤 있다. 대표적으로 연어가 있고, 황어가 있지만 웅어도 빠지지 않는다. 반대로 민물에서 살다가 산란은 바다에서 하는 것은 장어다.

5월, 웅어가 민물과 바닷물이 만나는 기수역으로 들어온다. 웅어는 서천과 군산을 지나는 금강 하류로 관광객이 맛보러 갈 정도로 유명한 식당이 많다. 무안에서도 웅어가 나지만 5월부터 7월까지 웅어 맛을 아는 이만 즐긴다. 무안읍에서 서쪽으로 십여 분 가면 망운면이 나온다. 작은 면 소재지의 작은 식당에서 웅어 비빔밥을 낸다. 새콤달콤한 양념이 웅어의 고소한 맛과 잘 어울린다. 이 시기에 낙지와 웅어 둘 중 하나를 비빔밥 재료로 선택하라고 한다면 주저 없이 웅어를 선택할 것이다. 늦봄과 초여름 사이에 맛있기 때문이다.

동원회식당

무안을 구경하다 보면 운저리 보리비빔밥 메뉴도 가끔 볼 수 있다. 특히 해안가에 가까워지면 조금 더 자주 볼 수 있다. 지금은 신작로가 생겨 오가는 차가 적어진 한적한 옛날 도로 옆에 운저리 보리밥집이 있다. 십여 년 전에 유기농 고구마와 임자도 소금 때문에 몇 번 오갔던 출장길에 보기만 했던 식당이었다. 식당에 들어가 보리밥을 주문했다.

운저리는 농어목 망둑엇과의 문절망둑의 사투리다. 전남도의 다른 지역에서 문저리라 하기도 하는데 짱뚱어도 망둑엇과의 어류지만 운저리와는 다른 종이다. 운저리를 회 뜨고 채를 썬 채소에 무쳐서 나온다. 여느 회무침을 시키면 나오는 모습과 비슷하다. 외양은 비슷할지언정 속 맛이 다르다. 이 집은 막걸리로 식초를 만드는데, 부드러운 신맛이 좋은 막걸리 식초 덕에 무침의 양념들이 각자의 역할을 제대로 한다. 식초의 신맛은 따로 놀던 매운맛, 단맛을 같이 놀게 만든다.

양정식당

식초 잘 쓰는 집 중에서 맛없는 집이 없는 까닭이다. 쌀밥이 있음에도 굳이 보리밥에 비비는 까닭은 보리밥의 통통 튀는 식감이 부드러운 운저리 회 맛과 어울리거니와 뭉치지 않은 보리밥이 잘 비벼지기 때문이다. 회무침을 보리밥에 넣고 비비기 전에 운저리 회무침 하나를 집어 보리밥과 먹은 다음 비비길 권한다. 운저리 회맛을 오롯이 즐길 수 있다. 날이 더워질수록 빛을 발할 메뉴다.

◇◇◇◇◇

일 특성상 보통은 홀로 떠나는 출장이 많다. 대부분 1박 2일 일정이라 혼자 몇 끼를 먹어야 한다. 혼자 먹는 것이 익숙하지만 다른 불편함 때문에 입맛만 다실 때가 많다. 불편함은 다름이 아니라 1인분이 안 되는 메뉴가 너무 많다는 것이다.

여행 문화가 바뀌고, 해외에서는 편하게 1인 주문을 경험한 이가 많아짐에도 변화가 더디다. 홀로 여행객이 많아지는 추세지만 식당 문화는 여전히 예전 그대로다. 지자체마다 관광객 증가에 많은 관심이 있다. 혼자 다녀도 불편하지 않은, 혼자 식당에 들어가도 눈치 안 봐도 되는 식당이 많아진다면 공항이나 역사에 걸려 있는 광고판보다 관광객 유치에 더 효과적이지 않을까 싶다. 이십몇 년 동안 출장길에 밥 먹으면서 변한 게 없다면 바로 식당 메뉴판에 적힌 '2인분 이상'일 것이다.

상점 정보

- 동원회식당 **주소** 전라남도 무안군 망운면 압창길 6 **전화** 061-452-0754
- 양정식당 **주소** 전라남도 무안군 현경면 봉월로 3 **전화** 061-453-8233

2장

여름, 힘들어 계절을 이기는 시간

충청북도 옥천

여름

니들이 옥천 육우의 맛을 알아?

충청북도 옥천은 1년에 서너 차례 출장 다니던 곳이다. 옥천은 포도와 복숭아가 많이 난다. 옻 또한 특구로 지정된 곳이다. 이 옻은 '옻 오른다'라는 알레르기 반응 때문에 먹기 주저하는 사람들이 있다. 그런 사람들을 위한 옻 오르지 않는 제품이 있다. 알레르기 반응을 일으키는 우루시올(Urushiol) 성분을 제거한 것으로 액 또는 티백으로 많이 나온다. 옻에서 성분 하나를 빼내면서 맛도 함께 빠지는지 옻 오르지 않는 상품을 먹으면 개인적으로는 조금 심심하다.

6월 15일에 방문한 옥천장은 가는 날이 장날이었다. 비 오는 날은 시작부터 파장 분위기다. 옥천을 가로질러 가는 금구천 뚝을 따라 장은 섰지만 오가는 이가 적다. 오는 정이 없기에 파는 이의 흥만으로는 흥정이 채워지지 않는다. 게다가 비가 오면 주변 마을에서 이것저것 팔러 나오는 할매들이 나오지 않아 구경거리조차 없어진다. 그래도 시장을 돌아다녀 본다. 계절이 초여름. 채소나 과일이 어설프다. 모양은 비슷할지언정 분명 맛은 아직이다.

뚝방을 걸어 옥천시장까지 걸었다. 몇 분 채 안 된다. 옥천시장 대로변에 몇몇이 모여 있었다. 그런 그들의 모습을 잠시 물끄러미 바라봤다. 이런저런 사정 이야기에 대꾸하는 모양새를 보니 장 설 때마다 만나 속사정을 알고 있는 이들 같았다. 그중에서 할매 한 분의 바구니에 눈이 갔다. 빛깔 좋은 다슬기가 가득 담겨 있었다. 옥천은 금강 상류에 있어 물 깨끗한 하천이 많은데, 어제 동네 어귀 하천에서 채취했다고 한다. 시장 구경을 하며 두어 바퀴 정도 돌았나, 그나마 닭집에 사람이 좀 있었다. 가만히 쳐다보니 원산지 표시나 축종 표시가 깔끔했다. 토종닭은 토종닭으로, 폐계는 폐계로 표시했다. 가격도 적당했다.

사실 폐계라는 게 버리는 닭이 아니다. 노계라고도 하는데, 20년 가까이 사는 닭인데 2년 조금 넘은 것을 노계라 하는 것도 우습지 않나. 폐계를 잘 먹으려면 압력솥에 우선 삶아야 한다. 푹 삶으면 질김은 사라지고 탄력만 남기 때문이다.

수원이나 평택 등 예전에 산란계 농장이 있었던 곳은 여전히 폐계

옥천 시장의 닭집은 원산지와 가격의 표시가 명확하고 깔끔했다.

를 먹는 문화가 남아 있다. 가격이 저렴하고 맛 또한 육계하고는 다른 맛이 있어서다. 내 입맛에는 폐계가 훨씬 맛있다.

옥천장은 여름부터 가을까지가 재미날 듯싶다. 채소나 과일이 한창 쏟아질 때 말이다. 비 오는 옥천장을 뒤로하고 이원면으로 향했다. 이원면에는 대성산 아래에 있는 유기농 복숭아 농원과 90년이 넘은 양조장이 있다. 면 소재지에서 샛길 따라 대성산 자락으로 올라가다 보면 유기농 복숭아 농원이 나온다.

다른 농사도 그렇지만 유기농 농사는 참으로 힘들다. 특히 여름에 나오는 작물들은 벌레와 곰팡이와의 싸움이다. 게다가 요새는 멧돼지까지 더해져 농사가 더더욱 힘들어졌다.

복숭아는 수천 품종이 있다. 백도, 황도, 천도 세 가지만 있는 게 아니다. 단지 색으로 구분된 원초적 분류일 뿐이다. 수천 품종이 일주일 간격으로 쏟아진다. 햇사레 등 공동 브랜드로 출하할 품종은 바뀌어도 박스는 그대로다. 어제 먹은 복숭아 품종은 내년 이맘때 다시 먹을 수 있을 정도로 자주 바뀐다. 유기농 농장에 가면 땅을 밟아본다. 살짝 눌렸던 땅은 이내 돌아 제자리를 찾는다. 땅이 살아 있다는 증거다. 반면 제초제와 비료가 가득한 땅은 운동장처럼 딱딱하다. 주변의 풀도 누렇게 떠 있다. 벌레는 풀과 함께 산다. 벌레가 사는 집을 제초제로 없애버리면 이들이 갈 곳은 나무다. 나무에 벌레가 모이면 벌레 쫓는 농약을 뿌린다. 악순환이다. 풀을 베어버리고 벌레는 손으로 잡아서 키운 복숭아는 크기는 옹골차다.

정도령 복숭아

복숭아 농원을 나오면 면사무소 근처에 양조장이 있다. 대개 수돗물을 쓰지 않으면 6개월마다 수질 검사를 받는데, 이곳은 여전히 물맛이 좋아 현역 유지 중이다. 4대째 90년 동안 이어 오고 있다.

이원 양조장은 쌀은 자가 재배한 쌀과 보은 등 이웃한 곳의 것을 쓰고, 밀은 우리밀을 수매해 직접 재배한 것과 종국을 같이 사용한다고 했다. 아스파탐을 넣은 것과 넣지 않은 것 두 가지가 있는데 인공 감미료를 넣지 않은 신맛이 도드라진다. 도드라진 신맛에서 여러 가지 향이 나온다.

인공 감미료를 넣은 이유는 신맛을 지우기 위해서지만 그런 과정에서 향 또한 지워진다. 단맛이 모든 맛을 지배하기 때문이다. 양조장을 구경하다 맛볼 만한 증류주도 있어 38도짜리 두 병을 사 왔다. 밀막걸리는 진작 사라졌고 소주는 아직 냉장고에 있다.

이원 양조장

얼룩배기 보리밥

양조장까지 둘러보고 나니 배가 고파져 근처 보리밥을 잘하는 식당으로 향했다. 6월은 보리밥 먹기 딱 좋은 계절이다. 곡식이든 채소든 묵은 것보다야 햇것이 맛있는데 특히 곡식은 추수할 때의 맛이 '100'이라면 시간에 따라 맛이 떨어지기에 얼른 맛봐야 한다.

이곳은 보리밥 정식 8천 원에 과하다 싶을 정도로 반찬이 나온다. 보통은 이렇게 나오는 곳의 반찬 수준이 쪽수 채우기 위해 나오는 것이 대부분. 여긴 달랐다. 반찬 하나하나 공력이 남달랐다. 막 나온 보리밥에 여러 가지 나물을 올리고 고추장을 넣는다. 같이 나온 찌개 한 국자를 같이 넣는다. 보리밥 제조 방법이다. 꼬들꼬들 씹히는 보리밥이 예술이다. 그냥 먹어도 좋지만 '여름' 하면 쌈이 제격이다. 보리밥에 상추쌈, 계절의 맛을 느끼기에 부족함이 없다. 제철 음식은 특별한 것이 아니다. 그 시기에 가장 맛난 것을 먹으면 된다. 열무김치 맛을 보니 여름 한정으로 파는 열무국수 또한 보통 이상일 듯싶다. 11시 조금 넘어서 식당에 들어갔는데 음식이 나올때 즈음 자리가 얼추 차 있었을 정도로 동네 사람들에게 사랑받는 곳이다.

◇◇◇◇◇

"우리나라 소고기?" 하고 질문을 던지면 "한우"라고 답한다. 99% 맞는 답이다. 부족한 1%는 육우와 젖소다. 젖을 짤 수 있는 암송아지에 비해 숫송아지는 사료만 축낸다. 쓸모없는 숫송아지를 거세해 키운 것이 육우. 한우처럼 고기를 먹기 위해 키운 소다. 품종이 홀스타인이라는 거 빼고는 한우와 같은 방식으로 키운다. 이런 육우로 유명한

광촌목장식당

집이 하나 있어 소개하려 한다.

송아지 가격의 경우 한우는 한 마리당 이삼백만 원인 반면 육우는 몇십 만 원이라는 점에서 이곳에서 판매되는 고기는 저렴한 가격으로 먹을 수 있다. 그리고 이 육우는 마블링이 없어 질겨 보여도 전혀 질김이 없다. 씹는 맛에 육향까지 더해져 맛이 좋다. 한우와는 또다른 맛이 있다. 육우의 맛을 보면 기존에 갖고 있던 젖소 고기에 대한 반감이 사라진다. 전국을 다니면서 먹었던 소고기 중에서 가성비가 가장 훌륭한 곳이었다. 낸 돈만큼의 값어치를 했다.

여기서 소고기 제대로 즐기는 법을 하나 더하자면, 보통 사람들은 소고기를 기름장에 찍어 먹는다. 이 기름장은 참기름이라 여기는 것에 소금을 넣은 것을 말한다. 하지만 이건 정확히 말해 참기름이 아니다. 대두유나 옥배유에 향을 넣은 기름이다. 예전에는 가짜 참기름이라 해서 사회적 물의를 일으킨 기름이었다. 참기름 향이 나지만 참기름은 아니다.

소고기에 가장 어울리는 소스는 소금이다. 허브나 다른 것도 필요 없다. 마블링이 없이 보여도 충분한 지방을 품고 있는 것이 소고기다. 구운 소고기는 소금에 찍었을 때가 가장 맛있다.

등급이 낮다고 맛까지 낮다 생각하면 안 된다. 지방이 적게 분포했을 뿐이지 그 이상도, 그 이하도 아니다. 등급은 그저 참고일 뿐이다. 맛은 다양하다.

상점 정보

- 정도령 복숭아 **주소** 충청북도 옥천군 이원면 강청리 497-5 **전화** 010-5491-5769
- 이원 양조장 **주소** 충청북도 옥천군 이원면 묘목로 113 **전화** 043-732-2177
- 얼룩배기 보리밥 **주소** 충청북도 옥천군 옥천읍 성왕로 1309 **전화** 043-731-1121
- 광촌목장식당 **주소** 충청북도 옥천군 군북면 이백리 593-1 **전화** 043-733-6535

경상남도 진주

여름

진주에는 구수함이 있다

오랜만에 진주다. 몇 년 전 프로그램 〈폼나게 먹자〉를 찍을 때 한 번 가보고는 진주 갈 일이 없었다. 유월 첫 주, 진주를 선택한 이유는 단 하나, 우리밀 중에서도 앉은뱅이밀을 보기 위해서였다. 유월은 보리와 밀을 수확하는 시기, 보리는 수확을 시작했고 밀은 여물고 있었다. 앉은뱅이밀은 토종밀이다. 오래전부터 한반도에서 재배하던 밀로 격동기를 거치면서 잠시 잊혔다가 오랫동안 그 종자를 지켜온 누군가가 있기에 조금씩 조금씩 세상에 퍼져 왔다.

진주 오일장 가기 전에 잠깐 우리밀을 생산하는 금곡정미소에 들렀다. 몇 년 전과 달리 최신식 기계가 들어와 있었다. 연구소와 연계한 앉은뱅이밀도 새롭게 심을 예정이라고 했다. 우리밀이니 수입밀이니 별별 말이 많은데 우리밀의 장점을 딱 한 가지만 고르라면 다른 것보다 '구수함'이 아닐까. 전 국민이 1년에 몇 번만이라도 우리밀을 사 주

2018년의 금곡정미소. 지금은 예전에 쓰던 기계 대신 최신식 기계로 제분한다.

면 밀 재배 면적이 많이 늘어날 듯싶다. 그랬으면 좋겠다.

진주 오일장은 2일과 7일에 여는 서부시장이 있다. 서부시장 외에도 반성장(3, 8일), 문산시장(4, 9일) 등이 날을 바꿔가며 서는 곳이 진주다. 서부시장은 시장 자체는 작아 조그마한 골목 하나 정도 크기지만 오일장이 서면 규모가 커진다. 서부시장과 이웃한 봉곡초등학교 뒤쪽 골목과 대로변까지 길게 장이 들어서기 때문이다.

햇감자가 여기저기서 손님을 붙잡고 있다. 여름이 깊어지면 백두대간 따라 다양한 감자가 나온다. 열에 아홉은 수미감자다. 수미감자가 맛없는 감자는 아니지만 수많은 감자 품종 중에서 단 하나의 품종

물기 있게 반죽한 밀가루에 방앗잎 숭덩숭덩 넣고
전을 부쳐 먹으면 기막힌 맛이다.

빠르게 없어지는 완두콩들을 나도 한 봉지 샀다.
껍질째 쪄서 먹으면 꽤 괜찮은 주전부리다.

에 집중되는 것은 좋지 않다.

여름 초입이라 완두콩 파는 이들도 꽤 있었다. 그중에서 아주머니 한 분이 눈에 띄었다. 시장을 돌다 보면 선수와 비선수가 보인다. 물건을 받아서 파는 이들과 재배한 것을 가지고 나온 이들로 말이다. 아주머니는 다른 것은 없고 완두콩만 판매하고 있었다.

비선수, 재배한 이들은 한 가지만 파는 경우가 많다. 게다가 파는 게 참 어설프다. 중간 상인들은 돈 계산이라든지, 물건을 봉지에 담아주는 것이 재빠른 반면 이분들은 느릿느릿, 사는 사람의 이런저런 이야기와 참견을 다 받아준다. 가만히 서 있었다가 한 바퀴 돌아 제자리로 와봐도 여전히 사람이 많다. 한 다라이에 3천 원. 게다가 덤을 듬뿍 주니 가져 나온 두 포대가 떨어질 듯싶어 얼른 나도 동참했다.

사진 찍으며 몇 바퀴 돌다 보니 손에 검은 봉지가 몇 개 들려있다. 아까 산 완두콩, 파란색이 좋아 보이던 제피, 원목재배 버섯에 한 가지가 더 있었다. 이 녀석이 나와야 비로소 남도의 여름 시작이라 할 수 있는데 흔히 방앗잎이라 이야기하는 배초향이다. 명칭이 어떻든 방아 잎은 맛있다. 박하향 비슷한 것이 싫어하는 사람들도 있지만 내 입맛에는 딱 맞다.

진주는 국수의 지역이기도 하다. 국밥에 나오는 국수 양도 다른 지역보다 많다. 동네마다 시장마다 국숫집이 하나씩은 꼭 자리 잡고 있다. 다른 동네는 잔치국수지만 진주에서는 물국수가 유명하다. 디포리와 멸치 육수 진하게 우려낸 국물에 면을 말아 먹는다. 집마다 조금씩 고명이 달라질 뿐이다. 진주 출신의 지인에게 들은 이야기로는 고기 볶은 것도 올린다고 하니 된장, 고추장처럼 집마다 맛이 달랐을 듯싶다. 그런 역사와 전통이 있는 곳이니 물국수도 찬 거, 더운 거 구분해서 먹는다.

진주 하대동에 '국수이야기'가 있다. 저마다 특징이 있는 맛을 자랑하는 진주지만 이곳이 특별한 까닭은 동네 사람들이 모여서 운영하는 점방이기 때문이다. 모인 이유가 여러 가지가 있겠지만 동네 사람들의 소통 역할의 사랑방이 가장 크게 보였다. 바삐 사는 도회지 사람들이 요한 것이 소통이 아니겠나 싶다.

이런 매력의 식당을 나 또한 안 가볼 이유가 없어 진주에 온 김에 방문했다. 물국수에 땡초김밥을 주문했다. 진주에서는 국숫집에서 김밥이나 수제비도 같이 판매한다. 면이라는 게 충분히 먹었다고 싶다가도 이내 배가 꺼진다. 김밥이 있으니 그만큼 든든하다.

◇◇◇◇◇

몇 년 전 아는 형님과 진주 출장을 간 적 있다. 무슨 일이었는지 정확히 기억나지는 않지만 한 가지만은 또렷하다. 그때 먹었던 복국과 아귀수육. 마치 어제 먹은 듯 생생하다.

술 마시면서 경험했던 것은 술 마실 때 생생하게 기억나는 경우가 있는데, 이 경우가 그렇다. 복국을 먹는 방법은 김천하고 같았지만, 그 스타일이 달랐다. 김천은 매운탕이었고 여기는 맑은탕이었다. 탕이 나올 때 비빔 그릇하고 같이 나온다. 콩나물을 덜어서 비비면 된다.

국수이야기

하동집

복국에 같이 먹는 소스가 특이하다. 무를 갈아서 만든 소스로 새콤한 맛이 괜찮다. 진짜 중요한 것은 아귀수육. 아귀찜은 자주 먹지만 아귀수육은 파는 곳이 드물다. 다만 바다와 가까운 곳은 쉽게 찾아볼 수 있지만 말이다. 아귀수육의 화룡점정은 '간'. 입에 넣으면 녹아 사라지지만 그 여운은 몹시도 길다. 진득하고 녹진한 맛이 입안 가득하다. 소주 한 잔은 여운이 가실 때 즈음 넣어야 한다. 간을 넣고 바로 소주 한 잔 털어 넣으면 음미할 시간이 없다. 그다음으로 내장, 살을 즐기면 된다.

상점 정보

- 국수이야기 **주소** 경상남도 진주시 상대로119번길 21 **전화** 070-8685-2221
- 하동집 **주소** 경상남도 진주시 진양호로 553 **전화** 055-741-1410

강원도 춘천

여름

기찻길 따라 즐기는 춘천의 시장길

7~8년 전 춘천으로 가는 열차를 예매한 적이 있다. 어렵게 2층 객차도 예매했지만 작은 실수에 잔소리를 조금 들었던 여행이었다. 차를 주로 이용하는지라 기차 여행은 생초보. 춘천에는 춘천역과 남춘천역이 있었다. 아무 생각 없이 춘천이니 춘천역으로 예매했는데, 여행 당일 기차에서 내리니 새로 생긴 춘천역 주변은 황량한 벌판이었다. 렌터카 회사에 전화하니 춘천역이 아니라 남춘천역 근방이라 한다. 남춘천역으로 택시 타고 가는 동안 벌판은 도시로 바뀌고 있었다.

추억이 서린 남춘천역과 춘천역 사이 철길 중에 고가 구간이 있다. 그 사이 기찻길을 따라 기차처럼 길게 장이 선다. 매달 2, 7일이 낀 날에 춘천으로 가는 기차를 타면 흥과 정이 오가는 오일장을 덤으로 만날 수 있다.

그렇게 시장으로 접어들면 식당부터 반긴다. 시장에서 빠지지 않는 메뉴인 잔치국수며, 옥수수 전분으로 만든 올챙이 국수, 메밀전병이 장 보러 오는 이를 유혹한다. 오일장이 주말에 열릴 때는 말 그대로 사는 이와 파는 이로 파시(波市)를 이룬다고 한다. 평일에 열릴 때보다는 훨씬 볼 것도 살 것도 많다. 서울 인근의 양평장도 주말 장이 서면 똑같다.

시장을 한 바퀴 돌고 나니 제철 식재료가 눈에 띄었다. 가장 많이 띈 것은 머윗대. 거짓말 조금 보태서 한 집 건너 팔 정도로 자주 보였다. 삼삼오오 모인 할머니들 사이에서 누구는 입으로는 맞장구를 치면서도 부지런히 머윗대 껍질 까기에 여념이 없었다. 봄철 머위 꽃망

울은 튀겨 먹고 억세지 않은 잎은 쌈으로 먹는다. 농번기가 시작되는 5월에는 자른 머윗대의 껍질을 벗겨서 다양한 요리로 먹는다.

머윗대는 살짝 쓴맛이 나는 게 매력이다. 초여름에 들깻가루를 넣고 끓인 것도 좋고, 얼큰하게 끓인 육개장에서는 고기보다 맛난 식감이 나는 식재료다. 게다가 어디든 물기 많은 곳에 심어놓으면 저절로 자라니 농촌에서 머위는 손 바쁜 시기에 간단하게 반찬할 수 있는 유용한 채소다. 머위는 습하고, 그늘지며 서늘한 곳에서 잘 자란다. 더위에는 약하지만, 추위에는 강해 별 문제가 없으면 이듬해 싹이 나고는 다시 자란다. 소양강과 북한강이 만나는 물의 도시 춘천이기에 맛있는 머윗대가 오일장에 차고 넘친다.

머윗대만큼은 아니더라도 그다음으로 많은 것이 토마토와 방울토마토다. 6월 춘천의 토마토는 달다. 한겨울 남녘에서 나던 토마토는 기온이 올라감에 따라 남부 지방에서 시작해 충청도를 거쳐 한여름에는 강원도에 주로 난다. 기온이 더워지면 춘천을 비롯한 영월, 정선 등지에서 난다. 7월, 아스팔트가 녹아내리는 뜨거운 여름에는 더위를 피할 수 있는 화천을 비롯한 양구, 평창, 인제에서 토마토가 난다. 8월 초 화천에서 토마토 축제가 열리는 것도 토마토 제철 산지이기 때문이다.

토마토는 주먹만한 크기의 둥근 모양으로 색은 빨간색이다. 어느 날 미니 토마토가 방울토마토라는 이름으로 소개되었고, 작은 토마토는 대추 모양의 토마토로 진화했다. 근래에는 토마토가 빨갛다는 상식을 깨버리는 노란색과 주황색의 방울토마토가 시장에 선보이고 있

간장과 된장을 가를 때 간장을 뺀 강원도 된장은 검다.
짠맛은 여전해도 감칠맛이 좋다.

6월 토마토는 춘천을 비롯한 강원도에서만 나온다.
그 덕에 한여름에도 싱싱한 토마토를 먹을 수 있다.

다. 다른 방울토마토보다 껍질이 얇아 씹기 편하고 과즙이 팡팡 터진다. 방울토마토는 일반 토마토보다 먹기도 좋거니와 당도도 좋아 인기몰이 중이다.

토마토에는 감칠맛을 내는 글루탐산이 풍부해 요리에 흔히 사용한다. 카레를 만들 때 토마토즙을 넣으면 카레 맛이 풍부해지기도 한다. 방울토마토 300g의 칼로리는 약 48cal로 300cal의 공깃밥과 비교해봐도 상당히 낮아 여름철 식이조절이 필요하다면 방울토마토도 하나의 대안이 될 수 있다. 게다가 맛까지 좋으니 금상첨화다.

다음으로 눈에 띄었던 것은 시장 안에서 검은빛을 띠고 있던 강원도의 된장과 막장이었다. 막장은 된장과 간장을 분리할 때 간장을 덜 뺐기 때문에 거무칙칙한 생김새다. 색이 그래도 강원도답게 묵직한 감칠맛을 품고 있는 것이 꽤 매력적이다. 단짠단짠한 맛이 있어 쌈장 만들기도 좋고 장을 풀어 칼국수 끓이면 천하일미다.

오일장에서 춘천호 방향으로 길을 잡아 운전해서 조금 가다 보면 칼국숫집이 하나 나오는데 직접 담근 막장과 시래기를 넣고 끓인 기가 막힌 칼국수를 맛볼 수 있다. 막장과 시래기의 조합이 봄철 바지락의 감칠맛과 견주어 떨어지지 않는다. 바지락에는 없는 구수함 때문에 어찌 보면 한 수 위라고 할 수도 있을 정도다. 태백산맥 너머 속초의 얼큰한 장칼국수와 다른 모양새다. 장칼국수와 직접 만드는 만두 조합은 최강이다. '춘천' 하면 막국수지만 장칼국수 또한 춘천을 대표하는 맛이다.

옛날손장칼국수

CLOSED
수플레
강냉이 튀깁니다
010-5751-0172

레트로 감성이 살아 있는 육림고개.
골목골목 돌아다녀도 시간이 얼마 걸리지 않는다.

춘천에도 명동이 있다. 실제 지명은 조양동, 서울 명동처럼 쇼핑과 먹거리를 즐길 수 있는 곳이라 본 이름보다는 별칭인 명동으로 더 불리고 있다. 철판에 갖은 채소와 닭고기를 볶아 먹는 춘천식 닭갈비 골목과 중앙시장이 이웃해 있다. 시장 위쪽으로는 '육림고개'라는 작은 고개가 있는데 고개 주변으로 개성 가득 품은 식당과 카페가 모여들면서 춘천에서 가장 핫한 곳이 되었다. 아기자기한 골목을 돌다 보면 춘천 시내를 품듯이 바라보고 있는 고즈넉한 죽림동 성당도 만날 수 있다. 여러 식당과 카페가 있지만 그중에 '어쩌다 농부'라는 곳을 선택했다.

어쩌다 농부에서 사용하는 식재료는 춘천과 주변 시군에서 나는 농산물을 한 그릇의 요리에 담아낸다. 점심 메뉴로 몇 가지 중에서 '농부네소보로텃밭'을 주문했다. 채소 샐러드와 소보로빵이 부서진

어쩌다 농부

듯한 모양새의 고기 볶음, 그 위에 살포시 달걀프라이를 얹은 모양새의 음식이 나왔다. 따로 주는 간장 소스를 조금씩 비벼서 먹어야 제대로 맛볼 수 있다. 설명을 제대로 듣지 않고 소스를 다 넣고 비볐다가 조금 짰다. 어디든 말 잘 들어서 손해 보는 예는 없다. 저녁이라면 지역에서 생산한 맥주에 가볍게 한 잔 하면 좋을 듯싶은 곳이다.

식당을 나오면 주변에 디저트 파는 곳이 많다. 그중에서 닭갈비 빵을 선택했다. 육림고개의 닭갈비 빵은 모양새도 닭갈비가 아니다. 닭갈비로 모양새를 낼 수 없으니 닭 모양이 아닐까 싶지만 그도 아니다.

붕어빵에는 붕어 없지만 춘천 닭갈비 빵에는 닭갈비가 들어 있다. 종류는 매운맛과 크림맛이 있다. 두 개 다 맛을 보니 그 중간이 있으면 딱 좋겠다는 생각이 들었다. 매운맛을 크림의 고소한 맛이 달래주니 조화가 좋았다.

동감

원조숯불닭불고기

◇◇◇◇◇

닭갈비의 고장인 춘천은 그 명성만큼이나 닭갈비를 먹는 방식도 다양하다. 채소와 닭고기를 철판에 볶아 먹는 방식과 닭고기만 숯불에 굽는 방식 두 가지가 있는데 개인적으로는 구워 먹는 숯불구이를 좋아한다. 닭갈비를 먹는 이유는 닭을 먹기 위함이라 생각한다. 철판에 볶는 방식은 채소 더미에서 고기 찾는 젓가락 모양새를 볼 때마다 가끔 자괴감이 들어 잘 안 먹게 된다.

춘천 시내에 내가 자주 갔던 닭갈비집이 하나 있다. 처음 이 곳을 갔을 때 아무리 바빠도 밥을 밥솥에서 직접 퍼주던 모습에 사뭇 놀랐다. 퍼놓은 밥이 없어서 그랬나 싶었는데 두 번째 갔을 때도 같았다. 밥상 위의 주인공인 밥을 제대로 대우한다면 다른 것은 볼 필요도 없다. 닭갈비가 아무리 맛있다한들 밥이 맛없으면 마무리가 영 찜찜한 법이다. 오랜만에 갔을 때도, 최근에 갔을 때도 이 집은 여전했다. 방송에 나가 대기하는 사람이 많아져도 여전히 맛있는 밥을 내줬다. 닭갈비의 맛은 따로 설명하지 않아도 되는 곳이다. 기본에 충실한 곳이다.

상점 정보

- 옛날손장칼국수 **주소** 강원도 춘천시 영서로 3045-3 **전화** 033-253-5565
- 어쩌다 농부 **주소** 강원도 춘천시 중앙로77번길 35 **전화** 010-8443-9012
- 동감 **인스타** @donggam_bread
- 원조숯불닭불고기 **주소** 강원도 춘천시 낙원길 28-4 **전화** 033-257-5326

전라북도 고창

여름

고창 복분자에 꽃이 피면 백합은 진다

5월이 끝나가는 무렵 덜 익어 파란빛이 도는 복분자를 보러 전라북도 고창을 찾았다. 고창의 복분자는 유명하다. 어느 날 요강을 뒤집는 신화를 등에 업고 나타나 건강식품의 한 축으로 자리 잡았다. 붉은색으로 익는 산딸기와 달리 복분자는 파랗던 것이 붉게 물들고 검은빛을 띠면 다 익은 것이다. 복분자의 복은 뒤집을 복(覆)에 동이 분(盆)이다. 동이는 그릇이나 사발을 이야기하는 것으로 사발을 뒤집어놓은 모양새를 보고 복분자라고 했다. 복분자가 익을수록 요강 뒤집는 힘은 사라진다고 한다.

복분자는 나무딸기의 일종으로 다량의 안토시아닌을 함유하고 있다. 딸기는 크게 덩굴딸기와 나무딸기로 나뉘는데, 덩굴딸기는 우리에게 익숙한 통통하고 달곰한 빨간 모양의 딸기다. 나무딸기는 블루

복분자는 유제품과 함께 먹을 때 가장 맛있다.
아이스크림이나 요구르트의 토핑으로 올려 먹어도 좋다.

국내 자연산
웅어(횟감)
1k 만원 (10,000)

베리, 라즈베리 등을 비롯해 복분자다. 익은 복분자의 알갱이는 순두부처럼 부드럽다. 손끝에 힘을 빼고 살짝 집어도 검게 물들 정도다. 복분자를 흐르는 물에 살짝 씻어 먹거나 그냥 먹는 까닭이다. 산딸기는 딸기처럼 달곰한 맛은 적지만 은은한 단맛에 특유의 향이 매력이다. 요강 뒤집는 것은 말 잘하는 이가 만들어 낸 이야기, 그래도 복분자가 가진 에너지라면 충분한 생활의 활력이 되는 것은 맞다.

복분자 농장을 가기 전 고창 읍내에 들러 장터 구경을 잠깐 했다. 고창 오일장은 3과 8이 들어간 날에 열린다. 오일장은 고창 시내를 가로지르는 고창천 위 신흥교부터 시작해 200m 전통시장 입구까지 장이 선다. 전통시장 안에서도 상설 가게 외에도 오일장 설 때만 문을 여는 가게까지 가세해 제법 홍정이 오가는 모습이다. 5월과 6월 사이 계절이 봄에서 여름으로 바뀌는 시점인지라 구경거리가 적었지만 그래도 고창에서 나는 대표 먹거리들은 다양하게 볼 수 있었다.

고창은 풍천, 바다와 민물이 만나는 곳에서 나는 장어 또한 유명하다. 고창을 지나 서해로 흘러가는 인천강이 있어 제대로 된 풍천장어를 만날 수 있다.

고창을 대표하는 작물이 또 하나 있다. 바로 수박이다. 고창의 산은 높지가 않다. 예전에 산지를 개간해 콩 농사를 하려다가 수박으로 바꿨다고 한다. 콩 대신 수박이었지만 아침저녁으로 산과 바다에서 부는 서늘한 바람 덕에 당도 높은 수박을 생산했다. 최근에는 익숙한 줄무늬수박 대신 작은 애플수박이나 겉이 검고 속이 노란 블랙망고 수박 등 다양한 수박을 생산하고 있다.

맛있는 수박을 고르는 요령이 있다. 적당히 꼭지가 마른 것이 당도가 좋다. 꼭지가 없어도 상관없다. 수박은 수확하고 며칠 지나야 맛이 드는 후숙 과일이다. 수박의 수분 함량은 대략 94% 전후. 수박을 보관하면서 수분이 증발하는 만큼 당도가 올라간다. 수박은 싱싱할수록 단맛이 떨어진다. 싱싱해서 좋은 것은 채소 정도일 뿐, 싱싱하다고 해서 꼭 맛까지 있는 것은 아니다.

얼추 6월 중순이면 복분자며, 다양한 수박이 시장에 지천일 것이라 기대했는데 5월 말의 시장에서는 볼 수가 없었다. 대신 완두콩과 열무가 지천이었다. 완두콩은 작년 가을에 씨를 뿌린 것이나 혹은 올 초봄에 씨 뿌려 재배한 것이다. 완두콩을 넝쿨째 가져온 아주머니 두 분의 손이 재빨랐다. 완두콩 까는 솜씨가 보통이 아니다. 구경하며 잠시 서 있으니 옆으로 한두 사람이 붙는다. 이내 흘러가던 사람들 사이에서 멈춤이 생겼다. 대개 누군가가 무엇을 보고 있으면 궁금함에 발길을 멈춘다. 사람이 모이면 흥정이 시작되고 돈과 물건이 몇 번 오가면 이내 사람들은 흩어진다. 한갓진 곳에서 시장을 바라보면 이런 모습을 종종 본다. 참견하고 싶은 사람의 심리가 고스란히 드러난다. 그래서 시장 구경이 재미있다. 필자도 덩달아 완두콩 한 봉지 사 들고 시장을 떠났다.

시장을 나와 걷다 보니 출출해진 배가 느껴졌다. '고창' 하면 선운사 주변의 식당가에서 장어를 먹어야겠지만 민물장어도 나름의 제철이 있는 법, 수온이 적어도 28도 정도 되는 한여름이 돼야 제철이다. 그래서 장어 대신 선택한 것은 병어였다. 고창을 향하면서 장어는 몰라도 병어는 먹어야지 생각했다. 따듯해지는 바다에서 맛이 들기 시작하는 것이 병어. 고창의 위는 부안, 아래는 영광으로 맛있는 수산물이 나는 칠산 바다를 공유하고 있다. 병어회와 병어찜, 둘 중에 선택은 병어찜이었다. 햇살이 날카로워질수록 얼큰한 국물과 고소한 병어살의 조합은 극강이 된다. 사실 뼈째 먹는 회를 좋아하지 않는 것도 있지만 그래도 더워지면 얼큰한 것만큼 떨어진 입맛 살리는 묘약이 없다.

시장통을 나와 시내를 지나 조용한 마을로 들어섰다. 병어찜 작은 것을 주문하니 이내 상이 차려지고 기다리던 주인공 병어가 나왔다.

다은회관

냄비 가득 담긴 한 마리의 병어. 병어찜 주변으로 차려지는 반찬을 마다했다. 병어 크기로 봐서는 반찬까지 손이 안 갈 듯싶었다. 괜히 차렸다가 버리면 아까워서 가능하면 반찬은 김치 하나만 두었다. 얼추 국물이 자작자작 끓었을 때 병어를 크게 떠서 국물에 적셨다가 먹었다. 생선찜이라는 게 오래 끓여도 국물이 속살까지 들어갈 수는 없는 법. 국물과 함께 먹는 맛이 최선의 방법이다. 한여름이 오기 전 병어의 살맛은 땅콩을 갈아 넣은 듯 고소했다.

◇◇◇◇◇

고창의 5월은 보리가 익는 계절. 푸르던 보릿빛이 따스한 햇볕 아래 금빛으로 물들어 있었다. 코로나 19만 아니라면 보리 축제에 이어 6월은 복분자와 수박 축제가 열렸겠지만 모든 것이 다음으로 미뤄졌다. 잠깐 머물렀다 가는 봄처럼 관광객들도 잠시 보리밭에 머물다 떠난다. 바람에 흔들리는 보리밭을 뒤로하고 상하면의 유기농 농원으로 향했다.

주인공인 상하농원은 2016년에 정식 오픈한 곳으로 숙박과 음식, 체험을 동시에 할 수 있는 곳이다. 햄 공방이나 치즈 등 지역의 축산물 활용한 공방도 있어 다양한 볼거리가 있다. 오늘은 햄과 치즈로 만든 피자를 먹으러 농원에 왔다. 지역에서 생산한 농축산물이 피자 한 판에 고스란히 담겨 있는 것이 마음에 들었다. 개인적으로 지역 특산물을 꼭 거창하게 한 상 차려 놓고 먹을 필요는 없다고 생각하는 사람이기에 내게 딱 맞는 메뉴였다.

상하농원

다양한 피자 중에서 치즈와 햄 공방 소시지가 반반씩 있는 피자를 골랐다. 잘 숙성한 도우로 구운 피자는 토핑이 없어도 그 자체로도 맛이 있다. 치즈나 토핑이 있으면 맛이 몇 곱절씩 상승한다. 여기 피자가 딱 그런 피자였다. 도우는 부드럽거니와 고소하기까기 했다. 치즈와 소시지의 짠맛이 고소함과 만나니 저절로 손이 갔다.

상하농원을 나와 구시포해변으로 향했다. 구시포에서 동호해수욕장까지의 해안도로가 한적하고 위도 너머로 떨어지는 낙조가 아름답다. 저녁 무렵, 고속도로 휴게소에서 먹는 저녁보다는 해수욕장 근처에서 먹기로 작정하고 주변을 보니 백합죽 전문점이 보였다. 식당 메뉴판을 보니 백합만 한다. 이런 곳은 다른 곳보다 실패할 확률이 낮다.

기온이 올라가면 서리 내릴 즈음을 기약해야 하는 것이 조개다. 민물과 바닷물이 만나는 지역에서 나는 백합은 더더욱 그렇다. 부안을 비롯해 김제는 예전에는 백합의 주산지였다. 만경강과 동진강이 바다로 흘러들던 곳이었기에 양도 많았고 품질도 좋았다. 새만금이 들어서면서 백합은 시나브로 사라지기는 했지만 고창은 인천강이 바다와 만나기에 여전히 맛 좋은 백합이 나고 있다.

7월, 포도가 익을 무렵에 다시 고창에 갈 생각이다. 복분자를 보러 간 농원 한편에 포도나무가 있었다. 포도 나무 한 그루에서 4천 500송이의 포도가 열린다고 한다. 줄기에서 뻗어 나온 가지가 차지하는 면적이 991.7㎡(300평)이기에 가능한 수확량이다. 줄기가 사방으로 뻗어 나간 모습도 멋지거니와 문득 포도의 맛이 궁금해졌다. 게다가 7월이면 장어 먹기 딱 좋은 때이기도 하니까.

상점 정보

- 다은회관 **주소** 전라북도 고창군 고창읍 동산7길 1 **전화** 063-564-3304
- 상하농원 **주소** 전라북도 고창군 상하면 상하농원길 11-23 **전화** 1522-3698

경상북도 영덕

여름

겨울엔 대게, 여름엔 복숭아! 영덕의 맛

경상북도 영덕으로 가는 길, 짙푸른 산자락 군데군데가 밤꽃으로 하얗게 물들어 있다. 밤꽃은 첫 장마가 오기 전 마지막 밀원(蜜源)이다. 민통선 안에서 따는 엄나무꿀 빼고는 밤꿀 재취로 한 해의 꿀 농사가 얼추 끝난다. 밤꽃이 떨어질 즈음이면 내리는 빗방울도 굵어진다. 장마의 시작이다.

영덕으로 가는 길이 한결 편해졌다. 거리상으로는 서울에서 대구나 광주 가는 것과 비슷하지만 시간상으로는 두 배 가까이 걸렸다. 13년 전 대게 살 때문에 영덕을 찾았던 멀고 멀었던 길이 아직도 생생하다. 서울에서 출발해 몇 시간 걸려 도착한 안동에서 영덕으로 가는 옛길로 몇 개의 산과 고개를 넘어 겨우 영덕에 도착했었다. 아니면 대구까지 간 다음 포항을 경유해서 영덕으로 올라가곤 했는데 지금은 청주에서도 두세 시간이면 영덕에 도착한다.

2019년 시작이다 싶더니 벌써 유월이 끝나간다. 유월은 식품업에 종사하는 사람들에게는 잔혹한 시기다. 날이 더워지면 채소는 봄의 단맛이 사라지고, 여름의 맹한 맛이 나기 시작한다. 본격적인 여름 작물이 나오기 전이라 가격만 비싸다. 바다도 수온이 서서히 오르며 나던 생선이 들어가고 여름 생선이 나오면서 있어 맛이 별로다. 계절에 따라 나는 것을 작기(作期)라고 한다. 봄 작기에서 여름 작기로 바뀔 때가 유월 즈음이다. 봄의 것은 끝물이라 맛없고, 여름의 것은 첫물이라 맛이 야물지 못하다. 다양한 것이 나지만 크기나 맛은 기대만큼은 아닌 시기가 딱 지금이다.

영덕의 영해 오일장은 5, 10일에 선다. 영덕읍은 4, 9일에 열리지만 영해 오일장 규모의 반도 안 될 정도로 작다. 보통은 군청 소재지가 있는 곳에서 열리는 장이 더 크지만, 영덕은 반대다. 영해가 인구도 많고 장의 규모가 크다. 영해는 예전에는 부산, 대구의 도매상들이 영해장에서 살 정도로 큰 규모였다고 하니 그 유산이 아직 남아 있기 때문인 듯싶다.

바다를 끼고 있는 오일장은 보통 수산물을 파는 곳과 농산물을 파는 곳이 나뉘어 있다. 영해장도 마찬가지이기는 하지만 조금 달랐다. 수산물을 파는 기다란 상점가의 절반이 회를 팔고 있었다. 보통 수족관의 생산을 고르고, 흥정하고, 회를 뜨는 게 일반적인 모습이다.

영해장에서는 이것저것 한 바구니씩 산다. 채 썬 채소는 덤이다. 바구니에 담긴 회는 물가자미다. 초장만 따로 사서 비비면 바로 횟밥이 되고, 차가운 물을 부으면 물회가 된다. 시장 곳곳에 보리 비빔밥 파는 식당이 많은데 보리 비빔밥집에서 일정 금액만 내면 보리밥과 함께 먹을 수도 있다. 두세 명 먹을 양이 1만 원이라 부담이 적다. 그렇다고 맛까지 적은 것은 아니다. 횟감으로는 가자미가 다른 회에 비해 월등히 맛있는 것은 아니지만 사시사철 별 고민 없이 선택할 수 있으니 추천한다.

"타박이 감자가 분나는 감자인가요?" 시장을 한참 돌다가 슬쩍 감자 파는 상인에게 물었다. "맞아요, 찌면 하얗게 분나는 수미감자.

영선수산
732-9455
011-9042-9455
털보수산
고객을 위하여
존재하는 시장
영포수산
털보네

감 자
5000
타박이 햇감자
5,000

옆에 반찬용은 추백." 겨울과 봄에도 감자는 나지만 쪄먹는 감자는 여름이 제격이다. 여름 감자의 시작은 백두대간의 끄트머리 영덕, 청송, 봉화에서 시작한다. 기온이 올라가면 감자 산지도 백두대간을 타고 북쪽을 올라가는데, 6월 말과 7월 초 가장 맛있는 감자는 경북에서 나온다. 이후로 소백산 자락의 괴산, 단양 그리고는 삼복더위에는 대관령 주변에서 나온다. 어디 감자가 가장 맛있는 것이 아니라 나는 시기에 따라 가장 맛있는 곳이 달라지는 것이다.

한 가지 더, 수미감자가 분이 난다고 하지만 두백, 남작, 하령만큼 분이 나지는 않는다. 게다가 우리가 먹는 감자 대부분이 수미라 특별하지도 않다. 만일 쪄먹는 감자 중에서 맛난 것을 고른다면 두백, 남작, 하령으로 사면 좋다. 지역명에 품종까지 더해 검색하면 맛있는 감자를 고를 수 있다. 단 이들 감자는 볶는 용도는 안 된다. 채 쳐서 볶으면 엉겨붙는다. 쪄먹거나 닭볶음탕, 감자탕 용도로는 최고다.

'복사골 마을'이 있을 정도로 나름 복숭아로 유명한 곳이 또 영덕이다. 복숭아의 대표적인 종류인 황도, 백도, 천도복숭아 이 세 가지는 누구나 구별을 하지만, 이러한 큰 구분 안에 수천 가지 복숭아 품종이 있다. 복숭아는 일주일 단위로 같은 농원 안에서도 품종이 바뀐다. 이번 주에 먹었던 맛있는 복숭아는 같은 생산자이더라도 다음주면 못 먹는 게 바로 복숭아다. 필자도 몇 년 전 유기농 복숭아를 찾아 영덕을 찾기도 했었다.

복숭아는 냉장고하고는 상극이다. 냉장고에 오래 두면 단맛이 강한 과당이 포도당으로 변해 단맛이 떨어진다. 상온에 보관하다가 먹기 몇 시간 전에 냉장고에 두었다가 먹어야 오롯이 단맛을 느낄 수 있었다. 오일장터를 떠나 영해면에 임랑마을에 있는 농가를 찾았더니 끝물의 천도복숭아 내줬다. 천도복숭아를 베어 무니 입안을 파고드는 단맛에 여름이 있었다.

◇◇◇◇◇

3년 전, 영덕 출장길에 문득 물회 생각이 났다. 구불구불 해안도로를 다니며 마음에 드는 집이 있나 보다 보니 강구항부터 고래불해수욕장까지 해안길을 왕복하고 있었다. 그러다 대진해수욕장 근처 어느 세월이 깃든 '물회 전문' 간판을 보고 들어가려 하다가 "우린 2인분 이상만 팔아요."라는 말과 함께 보기 좋게 거절당했다. 전국을 다니며 물회를 2인분 이상이라며 거절당하기는 처음이었다.

조금 지나 작은 포구에 있는 식당에 들어갔다. 배고파서 더 운전하기도 힘들어 들어갔다가 제대로 된 집을 만났다. 바로 직전 거절당한 것도 있는지라 혼자인데 가능한지부터 소심하게 타진했다. 가능하다는 이야기에 물회를 주문하니 살얼음 가득한 물회가 아니었다. 회와 채소가 가득 든 그릇에 고추장만 덩그러니 있었다. 비벼 먹다가 시원한 물을 붓고 먹으면 횟밥이 물회가 되는 시스템이었다. 아마도 전설처럼 내려오는 물회의 탄생 설화, 뱃일하다가 잡은 물고기를 썰어 채소와 비며 먹었다는 물회가 이것이 아니었나 싶었다. 물회의 재료는 그때그때 바뀐다. 처음에는 횟대였고, 작년에는 가자미였고 올해는

돌고래횟집

도다리였다. 참고로 같이 나오는 찬 중에서 식해가 맛있는 집인데 아쉽게도 이번에는 없었다.

싱싱한 모든 수산물은 물회의 재료가 된다. 육수에 갖은 채소, 그리고 횟감이면 물회 한 그릇 완성이다. '모든'에서 빠지는 것이 붉은살 생선. 물론 산 고등어로 물회를 하기도 하지만 흰살생선만큼 다양하지는 않다. 옥돔, 전복, 자리돔, 오징어, 가자미, 광어, 갑오징어 전국 각지에서 물회의 주인공 행세를 하지만 영덕 축산항에서는 꽁치도 그 주인공이다.

영덕에서는 독도 근해까지 가서 잡은 꽁치를 선상에서 포를 떠서 급랭한 것을 사용한다. 꽁치를 넣은 물회는 왠지 비린내가 가득할 것 같지만 선입견일 뿐 비린내는 없고 고소함만 있다. 급랭한 꽁치는 해

동할 때 품고 있던 고소함이 같이 풀린다. 양념과 채소를 잘 섞은 다음 잠시 시간을 두면 제대로 꽁치 맛을 즐길 수 있다. 천천히 먹을수록 고소함이 배가 된다.

'영덕' 하면 대개들 대게를 떠올린다. 사실 대게는 여름에는 대개 맛없다. 대게가 없다고 영덕이 '앙꼬 없는 찐빵'이 되지는 않는다. 강구항에서 대진항 지나 고래불해수욕장까지 약 30km의 해안도로 작은 포구마다 다양한 맛을 품고 있다. 영덕과 영해읍 시장도 지나치면

안 될 맛집들이 많다. 영덕의 바다는 동해의 어떤 곳보다 푸르다. 그것 하나만으로도 충분히 매력적인 영덕이다.

상점 정보

- 돌고래횟집 **주소** 경상북도 영덕군 영해면 영덕대게로 2721-3 **전화** 054-732-2805

충청남도 서천

여름

서천에는 꼴갑축제가 있다?

板橋, 판교. 판자 다리가 놓여 있던 것에서 유래한 동네 이름이다. '판교' 하면 수도권 사람들 떠올리는 성남시 판교 또한 서천의 판교와 한자와 유래가 같다. 시간이 멈춘 마을이라고 하는 판교, 나에게는 맛있는 도토리묵이 나는 동네로 기억된다. 판교 주변 산에는 상수리나무가 많은 탓에 도토리묵을 마을에서 겨울마다 만들었다. 판교 묵은 오래전부터 전국적으로 유명했다.

동네를 찬찬히 돌면 갈림길 이정표와 색이 같은 명패가 집집이 달려 있다. 도토리 색을 형상화했어도 판교 식당에서는 정작 도토리묵 먹을 곳은 마땅치 않다. 예전 역사 자리에 특화 음식점들이 있어도 따로 파는 곳은 없다. 식당 한 곳에 메뉴판에 이름이 올려져 있어도 유명무실. 서울에서 작정하고 판교의 묵사발을 염두에 두고 출발했다. 겨우 농협 마트에서 판교 도토리묵의 생존만 확인했다. 콩국수, 냉면,

오래된 중국집 등을 찾아오는 이들이 갈림길의 이정표 색이, 문패 색이 도토리 색일 거라고 아무도 상상하지 못할 듯싶다. 도토리묵 먹을 곳도 없지만 설명조차 찾기 어려웠다.

도토리묵은 가을부터 이른 봄까지가 가장 맛있다. 도토리를 수확하고 전분으로 만들어놨어도 시간이 지나면 특유의 쓴맛이 여려진다. 도토리묵을 못 먹었음에도 입맛이 썼다. 쓰디쓴 입맛을 다시며 서천 오일장으로 향했다.

오일장을 보러 가면 매번 비가 온다. 제주, 경남 고성, 강원도 양양, 고성, 구례, 완도, 해남 등 열 번 취재 중에 일곱 번이 비와 함께였다. 서천 가는 길 역시 하늘이 회색빛으로 시나브로 변했다. 장항 너머로 해가 떨어질 때, 결국 빗방울도 떨어지더니 다음 날까지 계속 내렸다. 모내기 철에 내리는 비야 반갑지만 출장길에 비를 몰고 다니는 것이 아닌가 싶기도 했고 농번기에 비까지 내리니 오일장이 썰렁했다.

서천 오일장은 2와 7이 있는 날짜에 열린다. 상설 시장인 특화시장 주차장과 주변에 열린다. 다른 지역은 상설 시장이 오일장의 영향을 크게 받아 오일장이 열리면 상설 시장에 손님이 없거나, 아예 오일장만 열기도 하는데 서천 특화시장은 300개 내외의 점포가 매일 문을 연다. 가장 큰 수산동과 농산물동, 그리고 잡화와 가공품을 파는 동 세 개로 구성되어 있어 굳이 오일장이 아니더라도 장보기에 불편함이 없다.

1층은 장터, 2층은 식당으로 구성된 수산동. 갑오징어가 많이 잡

죽은 지 얼마 지나지 않은 것은 살아 있는 것의 반값이다. 잘 고르면 '득템'한다.

히는 탓에 바닥 곳곳에 먹물로 검게 물들어 있다. 살아 있으면 크기에 따라 한 마리 2~3만 원, 삶을 다하면 반값으로 떨어진다. 회로 먹을 것이 아니면 굳이 살아 있는 것을 살 필요는 없다. 개인마다 입맛은 다르겠지만 갑오징어는 살짝 데친 것이 가장 맛있다. 익으면서 살의 단맛도 도드라지거니와 내장을 빼지 않고 통으로 찐 것은 갑오징어 요리 중에서 '갑'이다. 녹진한 내장의 맛 때문에 안 먹은 사람은 많아도 한 번만 먹은 사람은 없을 정도다.

수산물동에서 꼭 구매해야 할 것이 하나 있는데 '김'이다. 서천 인근의 대천이나 보령은 조미김으로 유명하다. 하지만 물김 생산은 서천을 못 따라온다. 서천은 전국 김 생산량의 15% 정도 될 정도로 많이 생산하지만 정작 서천김을 아는 이는 드물다. 돌김에 파래 섞은 것은 반찬 없을 때 빛을 발한다. 간장, 고춧가루, 참기름 조금, 식초 한 방울로 양념간장을 만들고, 대파나 매운 고추를 다져 넣으면 금상첨화다. 김을 앞뒤로 살랑살랑 흔들고 두세 번 굽고 난 뒤 자르면 반찬 준비 끝이다. 밥상이 휑하다 싶을 때 김치 한 종지 꺼내면 밥 두 공기 '순삭' 이다.

서천 장항에서는 6월 초에 꼴갑 축제를 연다. 꼴(뚜기)와 갑(오징어)가 많이 잡히는 시기에 맞춰 여는 것이다. 전북 부안의 격포 해수욕장 근처는 갑오징어 불고기 내는 곳이 많은데 서천은 갑오징어 볶음이 많다. 매운 양념으로 볶아낸 갑오징어도 맛있지만 주꾸미와 삼겹살을 같이 먹는 것처럼 주꾸미 대신 갑오징어를 넣으면 사실 더 어울린다. 주꾸미는 오래 볶으면 질겨서 빨리 먹어야 하지만 갑오징어는 오래 볶아도 질겨지지 않는다. 고기가 익을 때까지 기다려서 고기와 같이 호젓하게 먹을 수 있다. 갑오징어와 삼겹살 궁합은 사주를 안 봐도 백년해로할 궁합이 아닐까.

갑오징어만큼이나 으뜸 자리에 있는 해산물이 바로 생합이다. 백합이 본래 이름이지만 서천에서는 생합이라 부른다. 새만금이 완공되기 전 부안, 김제 일대에서 많이 났지만 근래에는 예전보다 보기 힘들어 중국산이 많이 들어오고 있다. 몇 개만 넣고 탕을 끓여도 바지락이나 동죽 한 바구니 넣고 끓인 것보다 국물이 시원하다. 포일에 싸서 찌거나 구우면 감칠맛 나는 육수에 담긴 조갯살을 맛볼 수 있다. 생합 안주가 술을 부르고는 이내 해장까지 할 수 있는데, 병주고 약주는 셈이다.

서천과 군산은 금강을 사이에 두고 마주보고 있다. 한동안 금강 하구언이 유일하게 두 곳을 연결해 주었지만 동백대교 개통으로 조금 더 가까워졌다. 군산의 대표 특산물이 황금박대다. 박대를 건조하면 황금빛이 돈다고 해서 황금박대다. 박대라는 것이 여수에서 선어로 먹는 서대와 비슷한 모양새다. 가자미과 생선답게 납작한 모양새가 젓가락질할 것도 없어 보인다.

꼬랑지를 손가락으로 누르고 젓가락으로 그나마 두툼한 머리와 몸통 사이의 살을 집어 먹고 나면 다른 반찬이 눈에 안 들어온다. 젓가락으로 살을 뗄 수 없는 꼬리 부분은 통째로 씹어 먹으면 비로소 한 마리가 사라진다. 두 마리째 먹으면 밥이 모자라기에 한 마리 남은 박대를 먹기 위해 공기밥 추가를 한다. 구이도 좋지만 찜도 그에 못지않다. 특화시장이나 시장 주변에서 말린 박대를 살 수 있고, 주변 식당에서도 어렵지 않게 맛볼 수 있다.

◇◇◇◇◇

온종일 비가 내리고는 시장을 다 돌았을 때쯤 하늘이 개었다. 시간을 보니 얼추 저녁때다. 홍원항 근처 부사방조제까지 갈 생각으로 해안도로로 해서 북쪽으로 올라갔다. 작은 포구 하나를 지날 때마다 서쪽 하늘의 붉은빛 채도가 더해졌다. 선도리 갯벌체험 마을에 잠시 들렀다가 아예 자리를 잡았다. 수족관 가득 채워진 밀조개의 유혹에 빠졌다. 서천에서는 밀조개, 부산에서는 명지, 명주조개로 불리는 개량조개다. 개량조개가 있다면 그 집 주인장이 요리를 못 해도 맛이 없으려야 없을 수가 없다.

개량조개로 끓인 칼국수를 주문하니 크게 자른 통김치가 같이 나왔다. 한소끔 끓인 것이라 조갯살이 질겨질까 봐 서둘러 먼저 먹었다. 조갯살을 씹으면 품고 있던 짠맛을 먼저 맛보여주고는 미안한지 감칠맛을 바로 보여준다. 개량조개의 씹는 맛은 말할 필요조차 없다. 조개는 그때그때 바뀐다고 한다. 비를 맞고 다닌 이틀의 보상이 개량조개 칼국수라면 괜찮은 듯했다. 덤으로 아름다운 낙조까지 봤으니 그러면 된 거다 싶었다.

풍천장어타운

일번지 칼국수

동해와 달리 서해로의 여행은 해가 떨어지는 저녁 풍경을 기대하게 만든다. 운이 정말 좋은 날에는 해와 바다가 만나는 순간을 볼 수도 있지만 항상 구름이 훼방 놓는다. 훼방 놓는 구름도 가끔은 해넘이를 아름답게 만든다. 비가 온 뒤, 미세먼지마저 사라진 파란 하늘이 붉게 물들 때 먹구름은 붉은빛의 운치를 더한다. 저녁 무렵 서울로 향하는 길은 잘 뚫린 고속도로보다는 해안가를 구불구불 돌아가는 길이 제격이다. 해가 길어지는 초여름이라면 작은 포구에서 저녁을 먹고 난 뒤 석양 질 때를 맞출 수 있다. 덤으로 맛있는 식당까지 만난다면 여행의 끝이 더 즐겁다.

상점 정보

- 풍천장어타운 **주소** 충청남도 서천군 서천읍 충절로41번길 23-12 **전화** 041-953-0073
- 일번지 칼국수 **주소** 충청남도 서천군 비인면 갯벌체험로 428-11 **전화** 041-952-2469

강원도 태백

여름

동네 뒷산이 1000m,
여름이 좋은 태백

동네 뒷산, 앞산이 보통 해발 1000m인 곳이 있다. 옆 동네 가는 길에 넘는 언덕의 높이도 대게 900m다. 석탄산업의 영화와 함께 해온 도시, 태백을 다녀왔다. 올해가 시 승격 40주년이라고 한다.

태백의 여러 고개 중에서 삼수령이 있다. 석 삼에 물 수, 세 개의 물이 갈라지는 곳이라 삼수령이다. 서해로는 남한강, 남해는 낙동강, 동해로 흐르는 오십천이 태백에서 시작한다. 삼수령 근처 매봉산 위로 올라가면 사방이 탁 트이면서 넓은 배추밭이 펼쳐진다. 바람의 언덕, 풍력 단지가 있지만, 필자의 눈에는 배추만 들어왔다. 여름 배추의 고장 또한 태백이다.

태백에 가던 날은 전국에 비가 내렸다. 다행히 다음 날 개어 아침 일찍 바람의 언덕에 올랐다. 반바지, 반팔 차림, 쌀쌀함에 온도계를

고랭지 배추가 있어 한여름에도 배추김치를 즐길 수 있다.
한여름에 김치를 생산하는 곳은 전국에서 강원도뿐이다.

보니 기온이 17도. 평지처럼 보여도 고원 지대인 태백은 한여름에 배추 키우기에 적합하다. 태백을 가기 위해 제천, 영월, 정선을 관통하는 38번 도로를 타면 태백으로 갈수록 배추가 작아지는 것을 볼 수 있다.

제천은 이제 막 출하를 하고 있고, 영월, 정선 순으로 출하를 준비 중이다. 태백은 이제야 배추 모종을 심고 있다. 배추는 보통 80~90일 정도 키우는데 7월 초에 모종을 심었으니 지금 심은 배추는 추석 대목을 보고 심은 듯싶었다. 배추는 이렇듯 계절에 따라 백두대간 따라 오르고 내린다. 그래서 한겨울에는 바다 건너 제주에서 배추가 난다. 배추는 선선해야 잘 자란다.

태백시 중심에는 상설 시장인 황지자유시장이 있다. 태백 오일장은 자유시장이 아닌 고개 너머 통리에서 열린다. 오일장이라고는 하지만, 사실은 십일장이다. 5, 15, 25일 한 달에 세 번 열린다. 십일장이라서 그런지 생각보다 규모가 있다. 지금은 기차가 지나지 않는 통리역, 마을 길을 둘러싸듯 장이 들어선다.

통리에서 고개 하나 넘으면 삼척과 동해인지라 생각보다 수산물이 많았다. 오랜만에 동해에 찾아든 문어며, 오징어 등이 손님을 기다리고 있었다. 간이로 만든 오징어 수족관은 오랜만이라서 그런지 왠지 반가웠다. 2년 전 동해 북평장에서 봤던, 규모는 그보다는 작았지만, 오징어 살리기에는 부족함이 없었다.

태백에서 만난 예팥. 개량팥보다 고소하다.
여기서 사온 팥으로 단팥을 만들어 여름 내내 잘 먹었다.

시장을 두어 바퀴 돌았을 때 예팥이 눈에 들어왔다. 예팥은 토종 팥으로 아는 사람만 아는 팥이다. 팥을 삶아 죽을 끓이든 빙수용 팥을 만들면 개량형 팥보다 고소하고 맛있다.

할머니 두 분이 두런두런 이야기하는 모습을 잠시 보다가 말을 건넸다.

"할머니, 이거 예팥 얼마예요?"
"어찌 젊은 양반이 예팥을 아슈?"
"어쩌다 알게 되었어요. 얼마인가요?"
"큰 됫박으로 2만 5천 원."

"입금될까요?"

손가방에서 꺼내 준 스티커에 계좌번호가 있었다. 통리 오일장은 다른 장터와 다른 점이 있다. 선수만 있다는 점. 직접 키운 것을 팔러 나오는 이들이 거의 없었다. 장터 중간에서 홀로 열무를 다듬고 있던 농부 외에는 찾아 보기 힘들었다. 추측하건대 농작물을 키울 수 있는 곳보다는 산지가 많아 그런 게 아닌가 싶다. 농사를 지울 수 있는 곳도 대부분 비탈이다.

어디든 쉽게 볼 수 있는 비닐하우스도 구경하기 어렵다. 고지대이다 보니 산꼭대기 외에는 일조량이 부족해서 키울 수 있는 작물도 제한적인 것도 이유일 듯싶다. 소소한 재미가 통리장에는 없어 조금은 아쉬웠지만 그래도 장터에는 사람이 흘렀고, 그사이에 흥정이 오갔다. 장터에 있는 상품을 보면 장터가 잘 되는 안 되는지 알 수 있는데 통리장은 장사가 잘되는 장터였다.

태백은 물닭갈비, 실비집, 고갈두(고등어, 갈치, 두부 조림)가 유명하다. 그래서 태백에 와서는 한 번쯤 먹고 가는 음식들인데, 그런 만큼 이번에는 세 가지를 제외하기로 마음을 먹었다. 유명한 음식이기도 하지만 혼자 먹기 힘든 것들이기 때문이다. 3년 동안 오일장 글을 쓰면서 의도적으로 장터 주변의 유명한 음식은 가능한 한 빼려고 했었다.

어느 집을 들어갈까 하다가 만둣국을 선택했다. 살짝 열린 틈으로

영진집

할머니 한 분이 만두를 빚고 있었다. 빠르지 않지만 세월이 녹아든 손짓에 만두가 하나씩 쟁반 위에 쌓이는 모습을 보다가 문을 열고 들어갔다.

만둣국과 칼만둣국 사이에서 잠시 고민, 칼만둣국을 선택했다. 잠시 후 작은 쟁반에 김치와 간장, 칼만둣국이 나왔다. 국물은 된장 베이스로 그냥 먹으면 심심하다. 같이 나온 간장을 입맛에 맞게 넣어 먹어야 제맛이 난다. 간장만 맛을 보니 쿰쿰하지만 끝에 당기는 맛이 있었다. 직접 담근 간장이라 잠깐 맛있는 게 아니라 음식을 조율하는 맛이었다. 국물과 만두, 그리고 받쳐주는 열무김치 삼박자가 딱딱 맞아 돌아가는 맛이었다.

◇◇◇◇◇

맛있게 먹은 만둣국집 외에 추천하고 싶은 식당이 하나 있다. 통리 오일장이 서는 도로 중간 즈음에 있는 밥집으로 이름이 '올콩밥상'이다. 식당 이름이 올콩인데 까닭이 있다. 올콩은 콩의 한 종류로 다른 콩보다 일찍 여무는 콩인데 친정어머니 별명이 올콩, 빨리 배우고 깨우친다 해서 붙여진 별명이라고 한다. 자식들이 '올콩 여사'를 부르다가 아예 상호가 돼버렸다고 한다.

이 집의 주메뉴는 장터 백반인데, 그 메뉴가 매일 바뀐다는 것이 특징이다. 밥과 국을 중심으로 반찬이 차려지는 게 백반이다. 가장 중심이 되는 것이 밥과 국이고 하나 정도의 젓가락을 부르는 반찬이 있다.

올콩밥상

이날의 주메뉴는 잘 구운 자반과 된장국이었다. 두 가지만으로도 밥 한 공기는 거뜬해보였다. 보통은 이런 밥을 집밥 같다고 이야기하는데, 사실 집밥보다 낫다. 한 끼 먹는데 다양한 반찬에 국과 생선구이까지, 진수성찬이다. 통리장을 간다면, 삼척 도계에서 태백으로 넘어가는 길에 밥 때라면 꼭 한번 들려야 할 곳이다. 한번 더 말하지만 집밥보다 낫다.

상점 정보

- 영진집 **주소** 강원도 태백시 시장안2길 20-1 **전화** 033-552-1462
- 올콩밥상 **주소** 강원도 태백시 통리1길 35 1층 **전화** 0507-1318-3399

강원도 홍천

여름

홍천의 시장은 사연이 많다

서울에서 양양으로 가는 44번 국도의 경기도 끄트머리가 양평 청운면이다. 청운면에서 고개를 하나 넘으면 강원도 홍천이다. 며느리 고개라 부르는 그다지 높지 않은 고개가 있다. 군부대와 고개 많은 강원도를 알리듯 초병처럼 맞이하는 고개다. 고속도로 완공 후 강원도 가기가 한결 편해졌다. 그러면서 거쳐서 가던 곳들이 이제는 지나치는 곳이 됐다. 그런 홍천을 오랜만에 찾았다.

홍천 오일장은 일육장, 달력에 1과 6이 있는 날에 장이 선다. 홍천 읍내에 마주 보고 있는 중앙시장과 전통시장을 둘러싼 모양새다. 아침 일찍 장터에 들어서면 일단 한 바퀴 돈다. 이동식 판매대를 설치하고 분주하게 움직이는 장사꾼과 반면에 봉지 몇 개 펴놓고 느긋하게 손님 기다리며 옆에 앉은 이와 이야기 나누는 할머니의 모습은 장터만 바뀔 뿐 비슷하다. 이웃한 지역의 장터를 연달아 가면 저기서 본 이를 여기서도 만나기도 한다. 파는 이들의 모양새는 얼추 비슷해도 계절에 따라 나고 들어가는 것들이 있기에 장터는 변화무쌍하다.

6월 장터의 주인공이 마늘이었다면 7월은 감자다. 장터에 마늘이 비치기 시작하면 봄이 끝나고 있는 것이다. 마늘 사이에 감자가 조금 비치다가 쌓인 감자가 보이기 시작하면 여름 시작이다. 감자가 장터 여기저기서 보인다. 아직 강원도 감자는 아니다. 강원도 감자가 아무리 유명해도 때가 있는 법. 적어도 7월 중순은 넘어야 감자가 본격적으로 나온다.

장터 구경을 끝내고 읍내에서 20km 넘게 떨어진 내촌의 감자밭에 갔다. 강원도는 조금만 고개를 돌리면 천지사방에 감자밭이 널렸지만 굳이 거기까지 찾아간 까닭은 감자 '품종'이 다르기 때문이다. 지금은 아니지만 예전에는 많이 심고, 즐겨 먹었던 감자 품종인 남작을 재배하고 있기에 일부러 찾아갔다.

감자를 설명할 때 유일하게 '라떼'를 붙일 수 있는 품종이 남작이다. "라떼는 말이야, 한여름 장마 때 엄마가 감자 삶아주고 했는데, 하얀 분이 나던 감자였지. 요새는 본 적이 없어"

남작감자는 삶으면 하얀 분이 난다. 감자 성분 중 수용성 펙틴이 삶는 과정에 녹으면 그 틈으로 전분이나 당이 감자 표면에 뿌린 듯 하얗게 솟아난다. 삶은 것을 잡으면 쉽게 으스러지고 포슬포슬하다. 분질 감자와 정반대의 감자는 점질감자다. 삶아도 분이 잘나지 않고 그 형태를 잘 유지한다. 반면 오늘날 자주 먹는 수미감자는 분질과 점질

🔈 시장에 나온 햇감자가 강원도의 여름 시작을 알린다.
감자는 비타민이 풍부한 껍질째로 먹어야 좋다.

두 가지 성질을 다 가지고 있는 탓에 마치 짬짜면처럼 어느 한쪽에도 온전히 끼지 못한다. 많이 심는 까닭은 그저 적당히 맛있고 적당히 잘 자라는 품종이기 때문이다. 강원도 홍감자도 분이 잘 나긴 난다. 장맛비 내릴 때 김 모락모락 피우면서 흰 분 바르듯 한 모양새의 남작 맛하고는 비교하기 힘들다.

홍천 오일장은 구구절절한 사연을 가진 두 상설 시장과 함께한다. 사연이 어쨌든 두 시장의 수많은 점포에서 가장 많이 파는 것이 '홍총떡'이다. 총떡은 얇게 부친 메밀부침에 다양한 속을 넣고 돌돌 만 음식이다. 제주에서는 하얗게 볶은 무생채를, 강원도는 빨갛게 무친 속을 넣어 각기 다른 맛을 낸다. 고기성애자를 위한 것도 있으면 좋겠지만 아직 못 먹어 봤다.

총떡인데 '홍'자가 붙는다. 홍천에서 나는 농산물을 주로 이용하기에 붙였다. 속 재료의 대부분은 무가 많다. 채 썬 무를 찌고 볶아서 아삭하게 씹힌다. 부드러운 메밀 부침개 사이에 아삭아삭한 속 조합이 꽤 좋다. 기분 좋게 씹다 보면 매콤함이 살짝 올라왔다가 이내 사라진다. 사람 괴롭히는 매운맛이 아니라 기분 좋은 매운맛이다.

시장을 돌아보니 영월과 달리 간단하게 먹을 수 있는 메뉴가 없었다. 지나가면서 두어 개 먹으면 좋을 듯싶은데 최소 구매가 총떡 다섯 개다. 혼자 여행하는 이가 많아지는 트렌드에 맞게 1인분 정도의 양도 팔았으면 좋겠다.

시장 구경의 묘미는 아무래도 간단히 먹을 수 있는 것들에 있다. 튀김, 도너츠, 어묵, 떡 등이 있지만 그래도 면 요리가 인기다. 대표적인 것이 잔치국수다. 멸치 육수에 삶은 면 넣고 유부만 얹으면 출출한 속 달래기에 그만이다. 그런데 홍천이라면 이야기가 달라진다. 홍천은 짜장면이다. 장터에서 조금 떨어진 곳에 중국집이 있는데, 50년 세월을 홍천과 함께해온 곳이다.

짜장면 싫어하는 사람을 만나기는 어렵다. 맛있는 짜장면 만나기도 그만큼 어렵다. '옛날짜장'이라고 붙은 곳에 가면 큼직하게 썬 양파와 감자만 있을 뿐, 뭐가 옛날인지 알 수가 없다. 나온 짜장면에 고춧가루 조금, 식초 몇 방울 떨어뜨리는 기본 절차를 밟는다. 잘 비비고 한 젓가락 먹으면 "아 짜장면이다"라는 말이 단무지로 향하던 젓가락질보다 빨리 나온다. 먹기 좋게 썬 재료들을 춘장에 잘 볶아냈거니와 심하게 쫄깃하지 않은 면발과 잘 어울렸다. 잘 볶은 춘장과 면의 조합을 중시하는 이라면 오랜만에 맛있는 짜장을 볼 수 있는 곳이다. 배달로는 참맛을 맛볼 수 없다. 오다가다 차가 막힌다면 짜장면 먹기 위해 고속도로에서 빠져나올 수 있는 곳이고 홍천 나들목에서도 가까우니 추천하고 싶다.

홍천을 다니다 보면 직접 두부를 쑤어서 파는 곳도 많다. 보통은 아침마다 두부를 만들어 순두부나 모두부로 팔기도 하지만 매콤하게 조린 두부와 들기름에 바로 지져 먹는 곳이 있다.

좋은 콩으로 두유를 진하게 해서 만든 두부는 구울 때 보면 티가 난다. 현대의 뛰어난 기술력으로 만든 물기 가득한 두부는 부드럽다. 수분을 잔뜩 머금고 있기에 팬에 두른 기름을 만나면 사방팔방으로 기름 방울이 튄다. 반면에 진한 두유의 두부는 얌전한 소리를 내며 노릇노릇 맛있게 익는다. 두부는 초벌로 익혀 나온다. 주방에 나는 들기름 익는 냄새에 음식이 나오기 전부터 침이 고인다. 기름 살짝 두른 팬에 두툼한 두부를 먹다보면 밥 생각이 별로 안 난다. 입안에 간사하게 돌아다니는 고소함이 아닌 좋은 콩이 간직하고 있던 묵직한 고소함이 잊게 만든다.

먹다 보니 1월이나 2월에 김장김치가 잘 익었을 때 다시 오면 좋겠다는 생각이 들었다. 그때는 해콩이 나온 지 얼마 지나지 않았거니

중화각

양지두부촌

나래밭쉼터

와 김장김치도 딱 알맞게 익었을 것이다. 해콩으로 만든 두부를 들기름에 지지고 곰삭아 아삭한 김치를 얹는 생각만으로 군침 고인다. 잘 익은 김치가 없어도 들기름 두부구이는 향을 기억하는 사람이라면 누구나 이름만으로도 군침 삼키는 음식이다.

홍천은 또한 토종닭 간장 구이를 맛있게 하는 지역이기도 하다. 구례, 하동, 순천의 토종닭 구이는 소금구이인 데 비해 홍천은 소금 대신 간장 양념구이로 닭요리를 한다. 단짠단짠한 간장 양념에 쫄깃한 토종닭 살맛이 더해지니 금방 순삭이다.

보통은 반 마리, 한 마리로 두 가지 메뉴 구성이고, 입 짧은 이들 두서너 명이면 반 마리가 적당하다. 2~3개월 키운 토종닭이라 치킨 반마리처럼 양이 빈약하지 않다. 씹는 맛이 있기에 육계를 주로 사용하는 춘천식 닭갈비와는 사뭇 다른 맛이다.

상점 정보

- 중화각 **주소** 강원도 홍천군 홍천읍 마지기로 12-1 **전화** 033-434-2020
- 양지두부촌 **주소** 강원도 홍천군 홍천읍 옥류동길 169 **전화** 033-434-6585
- 나래밭쉼터 **주소** 강원도 홍천군 서석면 어론리 904 **전화** 1577-9189

강원도 양구

여름

진정한 여름의 맛은 양구에

5일과 10일에 장이 서는 강원도 양구에 가려고 마음먹었더니 날짜가 7월 29일이다. 평소에는 장이 서는 날만 알아보고 아무 생각 없이 출발했지만, 이번에는 서둘렀다. 휴가철이 시작되는 7월 말은 명절과 해돋이 다음으로 차량 정체가 심할 때기 때문에.

새벽 6시 조금 넘어 춘천 가는 고속도로를 탔다. 평소 같으면 통행 불가인 3차로 가변차선에 운행 가능하다는 표시가 들어와 있을 만큼 새벽부터 휴가 떠나는 차가 많았다. 평소처럼 여유를 가지고 출발했으면 아마도 두 시간 이상을 더 길 위에서 보냈을 듯싶었다.

양구 읍내에 있는 중앙시장 주차장 자리에 오일장이 선다. 한눈에 장이 다 보일 정도로 규모는 다른 장터와 비교해 작다. 외지에서 들어오는 이보다는 지역 주민을 위한 장이다 보니 크지 않다. 강원도 내륙이라서 그런지 규모에 비해 생선이나 건어물을 파는 어물전이 많았

메밀이 잘 자라는 곳은 메밀 전병이 있다.
양구, 홍천, 영월, 제주 네 곳의 전병 중 양구 것이 내 입맛에 맞았다.

다. 읍내에 있는 슈퍼마켓 냉장고에 생선이 있지만, 손으로 만지고, 소금 쳐주고, 살갑게 이야기하는 맛까지 더해져 호떡집보다 어물전이 더 바빴다.

강원도 장터답게 메밀전병이 먼저 보였다. 전병 굽는 할머니 주변으로 동네 분들이 앉아 나눈 이야기 속에 뚝딱뚝딱 전병이 만들어졌다. '메밀전병이네' 하며 지나치다가 자리에서 멈춰 메밀전병을 주문했다. 메밀 반죽을 얇게 부치고, 속을 넣는 것은 같지만 그 속이 달랐다.

제주 메밀 총떡은 무를 볶아서 넣고 영월 메밀전병은 볶은 김치를 넣는다. 제주와 영월의 맛을 합치면 좋겠다 싶었는데 양구 메밀전병이 딱 내 마음을 알아줬다. 양구 메밀 전병의 속은 채를 썬 무를 매콤하게 무친 것이다. 고소한 기름 맛, 구수한 메밀전병, 매콤 새콤한 속, 완벽한 삼합이었다. 바로 부친 감자전이나 녹두전을 더하면 간식으로 그만이다.

뭐니 뭐니 해도 '강원도' 하면 감자나 옥수수, 고랭지 배추가 유명하다. 많이 재배하거니와 배추 같은 경우는 한여름 기온이 높은 곳에서는 자라지 못하기에 해발고도가 높아 상대적으로 서늘한 강원도에서만 생산이 된다. 보통 강원도의 특산물로 감자나 옥수수를 먼저 생각하지만, 여름철 강원도에서 다양한 농산물이 나고 맛있다. 낮 기온이 30도가 넘어도 밤 기온이 25도 이하로 떨어지면 과일과 채소가 단단하고 단맛이 든다. 낮에 광합성으로 만든 에너지를 시원한 밤바람이 당분으로 바꾼다. 한여름 강원도가 있기에 그나마 맛있는 채소나 과일을 먹을 수 있거니와 이것이 "고랭지, 고랭지" 하는 까닭이다.

7월의 양구는 달곰하다. 멜론은 겉모양에 따라 네트(net)와 무네트 멜론으로 나눈다. 네트멜론은 표면에 그물 모양이 있는 멜론, 무네트는 무늬가 없다. 무네트 멜론 중에서 껍질 색이 노란 '양구멜론'이 있다. 양구멜론은 청양고추와 같다. 청양고추가 처음 나왔을 때 충남 청양에서 생산 것이라 여긴 사람들이 많았던 것처럼(시간이 지나 매운 고추의 일종이라는 것이 알려졌다) 양구멜론도 마찬가지다. 영(young)의 일본식 발음 양그를 양구로 발음하면서 양구산 멜론처럼 여겨졌다.

초창기만 해도 양구멜론의 재배를 양구에서 많이 했지만, 요즘에는 양구멜론보다 네트멜론을 많이 생산한다고 한다. 네트멜론은 껍질에 그물이 촘촘히 있고 자르면 연한 초록빛이 도는 머크스멜론이 대표 품종이다. 최근에는 과육 색이 주황빛인 캔털루프멜론을 경북 지역에서 생산하며 다양한 멜론을 맛볼 수 있다. 양구에서 생산하는 '하미과' 멜론이 최근에 더 추가되면서 더 다양해졌다.

멜론은 수확하고는 며칠 두고 후숙을 해야 단맛을 오롯이 즐길 수 있다. 후숙을 잘하면 본전 이상을 뽑을 수 있는 게 멜론이지만, 적당한 후숙 타이밍을 잡기가 쉽지 않다. 하지만, 하미과 멜론은 후숙 없이 냉장고에 두었다가 먹을 수 있는 멜론이다. 후숙한 멜론이 부드러운 단맛이라면, 하미과 멜론은 아삭한 단맛이다. 단맛의 여운은 둘 다 똑같이 길다. 하미과 멜론의 여름 수확은 끝났고 10월에 다시 나온다고 한다.

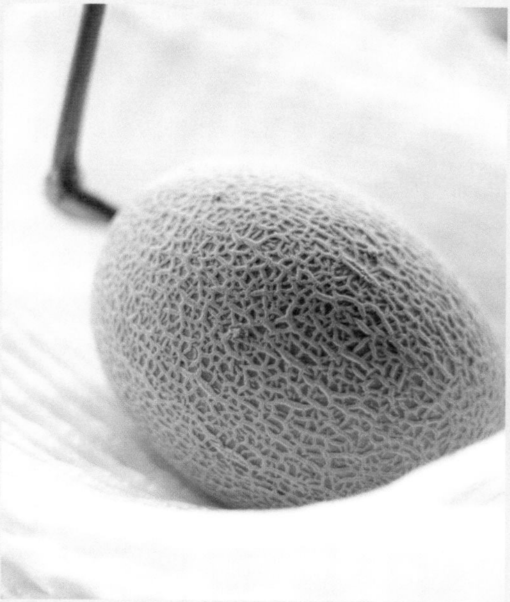

배꼽농장

멜론에서 눈을 잠시 돌렸더니 파란 사과가 보였다. 양구에서 재배한 아오리사과다. 아오리사과는 사과 중에서 가장 빨리 나오는 품종으로 파란 사과로 익히 알려졌지만, 실상은 빨간빛이 도는 사과다. 7월이면 얼추 익어 먹을만 했기에 아오리사과를 원래부터 파란색 사과인냥 팔아왔다. 아오리사과는 8월이 되면 빨갛게 색이 돈다. 제대로 익은 아오리사과는 새콤달콤한 맛이 일품이다. 하지만 오늘날 사과 저장 기술이 발달하면서 아오리 재배를 많이 하지 않는다. 7월까지 지난해 수확한 부사가 있어 더 이상 아오리사과를 찾는 이가 없으나 그럼에도 가끔씩 새콤한 아오리를 찾는 이들이 있어 명맥은 유지하고 있다.

양구를 비롯한 강원도의 사과 재배면적이 넓어지고 있다. 온난화 영향으로 상대적으로 남쪽에 있는 경북보다 위쪽에 있는 강원도가 사과 재배에 적합해지고 있다. 아직은 강원도 사과가 덕유산, 지리산 일대, 경북 내륙의 봉화, 청송, 의성보다는 유명하지 않다. 낮과 밤의 기온 차가 큰 강원도 기후 덕에 맛이 뛰어난 사과가 나오고 있지만 아는 이가 드물다. 계속해서 평균 기온이 계속 오른다면 아마도 강원도 사과의 명성도 따라 오르지 않을까 싶다.

◇◇◇◇◇

양구 식당 중에서는 한 놈만 패는 식당들이 몇 집 있다. 여기서 한 놈은 바로 한 가지 메뉴를 의미한다. 간 콩을 육수에 끓여내는 콩탕도 그렇고, 시장 내 옥천식당도 내장탕 하나에 편육만 판다.

파로호 국밥

오일장터에서 슬슬 5분 정도 걸으면 육개장집 간판이 보인다. 돼지고기 볶음도 메뉴에 있지만 다들 육개장만 찾는다. 전문점까지 있을 정도로 파는 곳은 많아도 제대로 내기 어려운 것이 육개장이다.

양구 읍내에서만 십 년 넘게 육개장을 끓이는 곳이 있다. 숙주가 다른 곳보다 많고, 국물을 넘길 때 매운맛이 살짝 난다. 건더기가 많아 먼저 건더기를 먹다가 밥을 말아야 한다. 건더기의 간이 세지 않아 그냥 먹어도 괜찮다. 11시부터 문을 열지만, 점심 때가 되면 예약 손님으로 차기 시작한다. 대개 인근 군부대나 운동 시합차 양구에 온 외지인들이 예약 손님이다.

또, 양구에서는 한 끼 정도는 구수한 시래기를 먹어야 한다. 무를 수확하고 남은 무청 말린 것이 시래기다. 양구는 무청을 얻기 위해 무를 재배하고는 무는 버리는데 무청이 맛있는 품종을 특별히 재배하기 때문이다. 늦가을 서리가 내리면 해안면보다는 펀치볼로 더 알려진 해안면 사람들이 시래기 작업으로 바빠진다.

시래기 감자탕도 있고, 정식도 있다. 보통의 한정식은 1인분이 안 되지만 양구는 가능하다. 한정식을 주문하면 갓 한 밥이 나온다. 양구에서 생산한 오대미로 강원도를 비롯한 일조량이 적은 곳에 적합한 품종이다. 반찬으로 나오는 시래기 찜이나 무침도 좋지만, 시래기를 잘게 다져 만든 쌈장이 맛있다. 고기를 얹어 먹는 것보다 갓 지어 김이 나는 밥을 상추에 올리고 시래기 쌈장까지 올리는 순간 천하일미가 된다. 쌈장, 상추, 시래기, 밥 네 가지 모두 양구의 풍토를 담고 있는 탓에 어느 하나 튀지 않고 조화로운 맛을 낸다.

시래정

배후령 터널이 뚫리고 46번 국도가 곧게 정비되면서 무엇보다 춘천에서 양구로 가는 길이 한결 편해졌다. 원래 같으면 소양강 옛길로 굽이굽이 돌아가 두어 시간은 족히 걸리겠지만, 이제 한 시간이면 양구 도착이다. 오가는 길에 약수터로 빠져도 좋고, 중간에 소양강 전망대에 들렀다가 옛길을 호젓이 운전하는 것도 좋다. 미술관이나 박물관도 많거니와 나름 맛있는 식당도 곳곳에 있기에 여유를 즐기며 여행하기 좋은 양구다.

상점 정보

- 배꼽농장 **주소** 강원도 양구군 국토정중앙면 창리 574-2 **전화** 010-5712-7777
- 파로호 국밥 **주소** 강원도 양구군 양구읍 사명길 107 **전화** 033-481-7807
- 시래정 **주소** 강원도 양구군 양구읍 황강길 16-23 **전화** 033-481-6616

3장

가을,
맛이 익어가는 시간

경상북도 김천

가을

노란 사과의 유혹이 있는 김천

올봄, 맛있는 참외를 찾으러 경상북도 김천에 있는 감천면에 다녀왔다. 우리나라에서 참외는 성주에서 많이 생산되고 그만큼 성주 참외가 가장 유명한데, 상주군과 맞닿아 있는 감천에서도 맛있는 참외가 나온다.

봄 지나 긴 장마와 함께 여름을 보낸 가을 초입에 다시 김천으로 향했다. 김천 오일장은 3일과 8일이 든 날에 열린다.

김천 나들목을 나와 먼저 김천의 맨 끝인 증산면까지 갔다. 증산면은 덕유산 자락의 수도산과 가야산 등 해발 1000m가 넘는 산들로 둘러싸인 곳이다. 동네가 평지처럼 보여도 해발고도가 300m가 넘는 곳이다. 이곳 증산면에서는 우리나라에서 육종한 노란 사과인 '황옥'을 재배하고 있다.

머털농원

흔히 빨간색 사과가 많이 있을 뿐 모든 사과가 다 빨간 것은 아니다. 노란 사과도 있고 아오리처럼 덜 익은 파란 사과가 아닌 실제 파란색 품종의 사과도 있다. 작년에 노란 사과가 있다는 소식을 듣고 바로 달려가서 맛을 봤는데 홍옥처럼 새콤하면서도 달콤한 맛이 일품이었다.

과일은 신맛이 단맛을 튼튼하게 받쳐줄 때 최고의 맛을 낸다. 부사처럼 마냥 단맛하고는 또 다른 단맛을 지닌 것이 황옥이다. 긴 장마와 태풍을 보낸 황옥은 어떨까 걱정이 앞섰지만 9월 말이면 작년보다 더 맛있는 황옥을 낼 수 있다고 한다.

사과 농장을 나와 전라북도 무주와 경계를 이루는 김천시 대덕면에 있는 덕산재에 올랐다. 덕산재는 해발 1200m의 대덕산의 중간고개로 600m 조금 넘는 고개다. 고개 주변으로 마을도 없어 빛공해가 거의 없다. 고개 정상에는 간이 주차장까지 있어 별구경 하기 안성맞춤이

한신
HANSHIN
한신
HANSHIN
PC
PC

경상도를 떠올리게 하는 피땅콩은 부산을 여행할 때 식당에서 자주 만난다.
삶아 먹거나 프라이팬에 볶아 먹어도 괜찮은 맛이다.

아오리가 물러난 자리를 홍로가 차지했다.
여전히 강한 신맛과 그에 대항하는 단맛. 그 조합이 홍로의 맛이다.

다. 해가 저물고 달마저 따라 사라지자 숨어있던 별들이 쏟아지기 시작했다. 지방 출장이 잦은 직업이지만 선물처럼 받는 이런 순간들이 있기에 재미있게 다닌다. 밤하늘을 바라봤을 때, 나를 내려다보고 있는 수많은 별을 마주하면 기분이 참 좋아진다. 굳이 촬영이 아니어도 가끔 구경 삼아 할 만한 것이 별 볼 일이다. 별 볼 일 없으면 심심한 게 우리네 인생이다.

사과도 보고 별도 봤으니 다음은 오일장 구경이다. 김천 오일장은 시내의 세 군데 상설 시장 중에서 황금시장 주변에서 열린다. 오래전부터 지역에 자리 잡은 황금시장은 철길을 두고 이웃한 중앙시장과 경쟁을 하듯 시장이 열렸지만 지금은 황금시장에서만 오일장이 열린다. 황금시장을 반 정도 감싼 채 장이 선다. 시장 상인의 말로는 황금시장 오일장은 오전장이라고 한다.

오전에 사람들이 몰리고 점심이 지나면서는 사는 이도, 파는 이도 적어진다고 한다. 오전에 정신없이 다니다가 중앙시장에 잠시 넘어갔다 오니 아침과 사뭇 다르게 파장 분위기가 물씬 풍겼다. 장터에는 가을 것들이 잔뜩 있었다. 말린 고추가 보름 전 보령장보다 훨씬 더 많아졌고 시퍼런 아오리가 익은 사과인 양 행세하던 곳에 수줍게 물든 홍로가 자리를 대신한다.

보령장에서는 없었던 원양 배가 보이고 가을 전령사인 햇땅콩이 시장 여러 곳에서 홍정이 한창이었다. 껍질을 벗기지 않은 날것의 땅콩은 집에서 삶아 먹거나 볶아 먹는다. 경상도의 식당에 가면 삶은 땅콩이 기본 찬으로 나오는 것을 자주 볼 수 있는데 피 땅콩을 삶은 것이 찬으로 나오면 경상도에 왔음을 실감하기도 한다.

경상도의 오일장을 다니다 보면 사방팔방에서 누가 나를 부르는 듯해 자주 두리번 거린다. 마치 엄마나 이모들이 나를 불렀나 하는 착각이다. 모친의 고향이 청도, 외가가 이쪽이다 보니 할매들 이야기에 엄마의 목소리가 섞여 있다. 사투리는 못 알아들어도 어렸을 때부터 듣던 톤이라 그런지 익숙하고 살갑다.

흔히 방송에서 재래시장의 재미를 이야기하며 깎는 맛에 대해 말하는데 요새는 그런 거 없다. 정찰제처럼 같은 상품의 가격은 엇비슷하다. 더 싼 거 찾아 시장을 다녀봤자 다리만 아프다. 오일장을 다닌 지 2년 차, 이제는 깎아 달라는 말 안 한다. 필요한 것이 있으면 사고 아무 말 없이 돈을 건넨다. 그래야 덤이라도 받는다. 방송처럼 깎아 달라는 말을 했다가는 지청구를 듣거나 덤도 없다. 방송은 방송일 뿐이다.

오일장 구경을 얼추 끝내고 점심을 먹으러 복을 전문으로 하는 조일식당에 갔다. 보통 복집을 생각하면 맑은탕으로 숙취 해소나 코스 요리로 우아한 식사를 연상하지만 여기는 아니다. 식당 메뉴는 복매운탕, 맑은탕과 오징어 메뉴도 있지만 값이 비싸 복어만 하고 있다. 이 집 복어탕은 먹는 방법이 다른 곳하고 달리 독특하다.

복어탕을 주문하면 비빔 그릇이 같이 나오는데, 그릇에 밥을 넣고 매운탕 속 콩나물 건져 담는다. 그다음 나온 찬을 기호에 따라 그릇에

조일식당

담고 비벼서 탕과 함께 먹는다. 특히 빼먹지 말아야 할 것이 부추, 쪽파와 새우젓으로 만든 무침이다. 부추와 새우젓? 의구심이 드는 조합이다. 만일 새우젓 무침을 넣지 않는다면 마치 용을 그리던 솔거가 눈을 빼먹고 그림을 완성한 것과 같다. 새우젓 무침을 따듯한 밥과 함께 먹어보면 "아" 소리와 함께 최고의 조합이라는 데 동의할 것이다. 새우의 짠맛이 씹는 중간중간 악센트를 준다. 그러다 보니 매운탕을 주문했지만 먹고 있는 것은 비빔밥이었다. 주메뉴인 복어탕을 앞에 두고 열심히 비빔밥을 먹는 게 이상할 듯싶지만 맛보면 전혀 이상하지 않을 만큼 맛있다.

이곳 외에도 하나 추천하고 싶은 식당이 있다. 그 이름은 농소밥

농소밥심

양조장 카페

심. 김천 시내에서 십여 분 넘게 가야 하는 곳이지만 점심 무렵에는 자리가 없을 정도인 곳. 파는 메뉴는 백반이다. 돼지와 참치를 선택할 수 있는 김치찌개, 된장찌개, 제육볶음 백반이 주메뉴다.

선택이 어려운 이들은 위해 그날그날 찌개와 국이 달라지는 백반도 있다. 김치찌개에 들어가는 참치를 제외한 재료들은 이웃에서 주로 구하고 없는 것은 이웃한 시군에서 구해 사용한다고 했다. 나야 혼자이기에 김치찌개를 주문했지만 여럿이 온 사람들은 찌개와 제육볶음 조합으로 주문을 많이 하는 듯 보였다. 찌개는 취향껏 선택하고는 다들 왕계란말이를 추가로 주문한다. 폭신하고 고소한 맛에 3천 원으로 가격까지 착해 안 시키면 손해다.

농소밥심에서 밥을 먹고 커피 한 잔이 생각난다면 식당에서 시내로 가는 방향으로 잠시만 가면 남면 사무소다. 사무소 앞에 오래된 양조장을 개조해 카페로 만든 곳이 있는데, 이름도 '양조장 카페'다.

실내 인테리어를 할 때 최대한 양조장의 시설을 살려서 한 곳이다. 레트로한 분위를 배경 삼아 사진 찍기 좋다. 올드함과 현대적 까페의 이상적인 조화가 어우러진다. 게다가 커피 맛도 좋다. 잠시 머물다 가도 좋고, 테이크 아웃해서 고속도로 올라 타도 좋다. 맛없는 휴게소 커피보다 삼만 배 좋다.

◇◇◇◇◇

또 김천은 지례면의 중심가에는 전문 식당과 커다란 관광지형 식

고향식육식당

당이 몰려 있다. 그곳하고는 사뭇 다른 분위기의 식당들이 작은 면 소재지에 모여 있었다.

그중에서도 의성의 유기농 사과농장 가는 길 국도에 돼지 석쇠 불고깃집들이 모여 있는 곳이 있는데, 고깃집 만난 김에 끼니 해결하기 위해 식당에 들어섰다.

이런 석쇠 불고깃집에 들어서면 갈등이 생기곤 한다. 석쇠 불고기가 소금, 간장, 고추장 세 가지 맛이 있으면 머리에 쥐 나는 건 일도 아니기 때문이다. 다행히 석쇠 불고기 하나만 있는 집을 운 좋게 골라 들어갔다.

석쇠 불고기라는 게 단짠단짠한 양념에 고추장까지 더한 고기를 화력 좋은 숯불이나 연탄불에 구워내는 메뉴다. 설탕과 지방이 강한

열을 받아 내는 향기가 고기에 깊고 강하게 배어 있는 탓에 싫어하는 이 찾기 어려운 메뉴다. 상추 한 장 들고 밥, 고기 얹고 마늘과 고추로 탑을 몇 번 쌓다 보면 자연스레 밥 추가하게 되는 곳이 석쇠 불고기 식당이다.

상점 정보

- 머털농원 **주소** 경상북도 김천시 증산면 증산1로 252 **전화** 054- 433-1496
- 조일식당 **주소** 경상북도 김천시 자산로 77 **전화** 054-434-4347
- 농소밥심 **주소** 경상북도 김천시 농소면 입석1길 48 1층 **전화** 054-433-6704
- 양조장 카페 **주소** 경상북도 김천시 남면 옥산길 12 **전화** 054-433-1188
- 고향식육식당 **주소** 경상북도 김천시 감문면 김선로 **전화** 053-430-5427

충청남도 홍성

가을

유기농의 메카,
고향 같은 홍성

여름 초입인 6월 중순, 영덕 오일장을 취재하러 가면서 한숨을 쉬었다. 지난 24년 동안 산지 출장을 떠날 때면 여름이 가장 힘들었다. 더워서도 아니고, 휴가 차량에 막히는 길 때문도 아니었다. 여름에 나는 식재료 대부분이 맛없거니와 가을이나 겨울만큼 종류도 많지 않기 때문이다. 여름 대표 음식으로 제철보다는 보양 중심으로 소개하는 까닭도 특별히 맛있는 게 없으니 보양이라도 하라는 의미에서다.

8월 말, 여전히 한낮의 태양은 뜨겁다. 어디로 갈지 고민을 했다. 가장 시원한 강원도? 그나마 시원한 경상북도? 고민 끝에 충청남도 홍성을 택했다. 홍성을 선택한 이유는 간단했다. 어디를 가더라도 맛없기가 비슷하다면 익숙한 곳이 낫지 않을까 싶어서다. 유기농 쌀, 친환경 소, 돼지 등과 관련한 일 때문에 충남의 홍성하고도 홍동은 많이 출장 갔다. 많을 때는 한 달에 두세 번 갔으니 대충 헤아려봐도 20년 동안 백여 번은 넘었을 듯싶다.

홍성은 유기농 특구다. 유기농 특구의 중심은 홍동면이다. 전국 최대 규모의 유기농 쌀 재배단지가 홍동에 있다. 20년 가까이 다닌 이곳의 길은 변함없지만 재배하는 쌀은 변화가 많았다. 초창기에는 추청과 호품 중심의 쌀 품종이 삼광과 밀키퀸 등으로 바뀌었다. 수량 위주보다는 밥맛 중심으로 바뀌었고, 충남의 기후와 잘 맞는 품종인 삼광벼를 유기재배한 까닭에 밥을 지으면 차진 밥맛이 좋다.

여름의 끝과 가을의 시작이 교차하는 8월 말에 가장 맛없는 것이 '쌀'이다. 해를 넘기고, 추위와 더위 그리고 장마까지 견뎌낸 쌀은 벼로 보관을 해도 시나브로 맛이 떨어진다. 좋은 밥맛은 좋은 밥솥에서 나오지 않는다. 좋은 밥맛은 계절에 따른 좋은 쌀 선택에서부터 나온다.

좋은 쌀 고르는 요령은 간단하다. 첫째, 품종의 이름을 보고 고른다. 어떤 품종도 상관없다. '혼합' 혹은 '혼합미'만 아니면 된다. 둘째, 포장 단위를 가급적 작은 단위로 고른다. 쌀은 도정하고 보름이면 밥맛이 떨어지기 시작한다. 장마철이면 용량을 더 줄여야 한다. 셋째,

도정 날짜가 빠른 것일수록 좋다. 세 가지만 살펴도 같은 돈으로 더 맛있는 쌀을 살 수 있다.

홍성 오일장은 1, 6일이 낀 날에 상설 시장을 따라 길게 장이 선다. 시장을 두어 바퀴 돌았을 때 호박도 아닌 것이 그렇다고 늙은오이도 아닌 것이 눈에 띄었다. 희한함에 다가가 물으니 베트남호박이란다. 문득 호배추가, 호떡이 생각났다. 배추김치의 재료인 호배추는 청국인들이 인천에 많이 거주하기 시작하면서 국내에 퍼진 배추다. 속이 꽉 차는 호배추가 들어오기 전에 조선배추는 속이 차지 않고 우거지가 많은 품종이었다. 백 년 사이에 조선배추는 사라지고 호배추가 자리를 잡았다. 청인들이 호배추를 가지고 온 것처럼 호박도 일하러 온 베트남인들이 가지고 온 모양이다.

시장에 있는 베트남호박은 국내에서 오랫동안 재배한 동아호박과 달리 길쭉하다. 동아호박의 색은 베트남호박보다 연하지만 둥근 베개 모양으로 50kg 넘는 것이 있을 정도로 큰 호박종이다. 토종이라 일컫는 동아호박의 원산지도 알고 보면 동남아다.

베트남호박도 눈에 띄었지만, 오일장을 비롯해 최근에 눈에 자주 띄는 호박이 있다. 땅콩을 닮아서 땅콩호박이라 부른다고 하는데 조롱박처럼 보이지 땅콩처럼 보이지 않는다. 모양이나 이름이 어떻든 주로 굽거나 찌거나 하는 요리에 적합하다. 제주도를 비롯해 전국에서 재배가 많아지고 있다. 작은 것은 천 원대, 큰 것은 3천 원대다. 감자나 고구마처럼 에어프라이에 잘게 잘라 구워도 맛있다.

잠시 눈을 돌려 과일 노점을 보니 계절의 변화가 한눈에 들어왔다. 여름을 보낸 복숭아는 끝물이고, 사과나 배는 첫물이다. 뜨거운 바람이 찬 바람으로 바뀌면서 만물에 단맛이 깃든다. 간혹 그런 생각을 한다. 가을바람은 단바람, 그 바람에 가을 것들이 달다고 말이다. '가을' 하면 떠오르는 것들은 옷깃을 여밀 때 제철 시작이다.

먹을 것으로 가득한 시장을 걷다 보니 문득 '4달러'를 외치던 햄버거 광고가 생각났다. 홍성장에서는 4달러도 많다. 3달러면 된다. 3천 원이면 선택할 수 있는 메뉴가 칼국수, 짜장면, 보리밥이다. 홍성 오일장의 매력이다. 다른 오일장과 달리 상설 시장 곳곳에 식당들이 있다. 그중 한곳에 들어가 "혼자요" 하고 자리에 앉으니 이내 밥이 나온다. 메뉴가 보리밥 한 가지다. 보리밥 위에 몇 가지 나물이 가득 올려진 모양새다. 찬이라고 해봐야 열무김치와 우거지 된장국이 전부지만 무채 볶은 것, 무채 무친 것, 고춧잎 무친 나물에 고추장과 참기름 넣고 쓱쓱 비비면 맛있는 비빔밥이 된다. 잘 익은 열무김치까지 올리면 전국 최고의 보리 비빔밥이 내 입속으로 들어온다.

3천 원 보리밥보다 조금 더 비싼 것을 선택한다면 5천 원 한우 소머리 국밥을 추천한다. 돼지 족이 실하게 든 족탕도 비싸야 7천 원이다. 홍성은 예전부터 축산업도 같이 발달한 곳으로 전국에서 소를 가장 많이 사육한다. 소 부산물을 비롯해 한우를 저렴하게 먹을 수 있는 곳 또한 홍성이다. 면 단위마다 축산판매장과 한우타운이 있을 정도다.

그중 특히 추천하고 싶은 한우 식당이 하나 있다. 그 이름은 '안개천지'. 15년 전 처음 이곳에서 고기를 먹었을 때, 땅거미가 내려앉은 골목 안쪽에 허름한 식당으로 자리 잡고 있었다. 고추장, 마늘, 참기름 조합의 육장이 아닌 고추 장아찌 비슷한 양념에 찍어 먹는 육회도 특별했거니와 가격 또한 저렴한 곳이었다. 육회를 다 먹고 나면 그제야 돌판에 고기를 구웠다. 누구나 다 그렇게 먹었다.

이곳을 오랜만에 다시 찾았는데 새로운 건물이라 예전의 운치는 사라졌지만, 간판의 이름은 그대로였다. 그제서야 문득 궁금해졌다. 왜 식당 이름이 안개천지였는지. 물어보니 돈을 빌려 식당 공사를 하던 날 옆집이 안 보일 정도로 아침에 안개가 끼었단다. 간장 소스에 찍어 먹는 차진 육회 맛도 이름만큼 여전했다.

안개천지

삼삼복집

◇◇◇◇◇

홍성 나들목을 나와 우회전하면 홍성읍 방향이다. 직진이나 좌회전을 하면 갈산면을 지나 안면도 가는 길이다. 홍성 갈산면에는 이른 아침부터 줄을 서는 집이 있다. 갈산 오일장이 서는 장터에 식당 문이 열기도 전에 몇 팀이 대기하고 있을 정도다. 줄을 서는 집의 특징이 하나 있다면 여러 가지를 다 잘하는 집이 아니라는 점이다.

이 식당도 딱 한 가지만 한다. 복매운탕. 복매운탕이 음식 명칭이지만 먹다 보면 복은 그저 국물 맛있게 하는 국물 멸치와 동급이 된다.

이 집의 매력은 아욱에 있다. 초장기에는 아욱이 무한리필이었다. 매운탕 국물에 아욱을 데치고 초장에 찍어 먹는 맛에 다니던 곳이다. 지금은 아욱 추가에 비용이 들지만 돈이 전혀 아깝지 않다. 아욱이 이렇게 맛있는 채소였나를 다시금 깨닫게 해주는 곳이다.

요리 외에도 홍성은 괜찮은 디저트를 맛볼 수 있는 지역이다. 개인적으로 홍성 가운데에서도 홍동을 좋아하는데, 그 이유가 '풀무'라는 단어에 있다.

'유기농 환경공동체'를 목표로 하는 홍성은 '풀무'의 가치를 내세운 지역성을 구축해나가고 있다. 풀무라 하면 쇠를 만져서 도구를 만드는 것이 풀무지만 여기에서 풀무는 정신적인 측면이 더 강하다. 동네에 들어서면 떡 공장도 풀무고, 빵집도 풀무고, 학교도 풀무다. 시작은 1958년부터 시작한 풀무학교에 뿌리를 두고 있다. 홍동에서 유기농이 꽃피운 것도 결국 풀무가 있었기에 가능하지 않았나 싶다.

자연의 선물가게

이 작은 마을 홍동에서 오랫동안 우리밀로 빵을 굽고 있는 곳이 있다. 지역에서 나는 밀로 빵을 굽다가 최근에는 구례 우리밀로 만들고 있다. 도시의 빵처럼 화려함이나 부드러움은 없어도 차나 커피 한 잔 마시면서 먹다 보면 금세 사라진다. 단팥빵도 맛있지만 구운 감자 고로케도 괜찮다. 맛있는 우리밀 빵을 찾는다면 바로 여기다. 가게에서 십여 분 거리에 있는 목장에서 생산한 우유나 요구르트를 같이 먹으면 더 맛있다.

추석이 코앞이다. 들판을 바라보면 추석용과 아닌 것이 색으로 갈린다. 고운이나, 운광 등 조생종 벼를 심은 곳은 노랗게 물들고 이삭은 고개를 숙였다. 추석이 끝나고 한 달은 있어야 제대로 된 햅쌀이 나온다. 벼뿐만 아니라 차례상에 올라가는 것들이 추석 하나만 보고 수확이 빠른 것만 심었다.

추석을 준비하기 위해 출장을 다니는 동안 의구심이 쌓였다. 추석이 빠르든 늦든 들판에서 나는 것은 맛이 여물지도 않거니와 종류도 적었다. 추석이면 몇 번 들었던 '더도 덜도 말고 한가위만 같아라'를 누가 처음 말했는지 궁금했다. 아무리 봐도 추석에 나오는 농수산물은 추석 이후의 것보다 맛없다. 가을에 나는 것들이 한가위 같은 품질이면 욕먹기에 십상이다. 곰곰이 생각해보면 추석은 수확의 시작을 알리고, 감사히 여겼던 절기가 아니었나 싶다. 추석 상은 간단할수록 좋다. 특히 사과나 배는 냉장고에 보관해도 쉬이 상한다. 아끼면 진짜 '똥'처럼 물러진다.

이제 곧 여름 가고 단바람 부는 가을이 온다.

"잘 가 여름, 반가워 가을"

상점 정보

- 안개천지 **주소** 충청남도 홍성군 홍성읍 조양로170번길 37-3 **전화** 041-634-0626
- 삼삼복집 **주소** 충청남도 홍성군 갈산면 갈산로114번길 7-3 **전화** 041-633-2145
- 자연의 선물가게 **주소** 충청남도 홍성군 홍동면 광금남로 658-8 **전화** 041-633-8948

경상북도 영양

가을

토종 고추의 얼얼한 맛을 느끼는 영양

한낮은 뜨거워도 말복이 지나 저녁 바람에 시원함을 느끼면 고추의 메카인 영양에서는 시장마다 햇고추가 선보인다. 빨갛게 영근 고추가 서늘해진 바람에 다 마르면 가을이다. 영양은 이웃한 안동 다음으로 고추 생산량이 많은 곳이다.

새벽을 달려 영양에 도착했다. 서울에서 영양으로 가는 길은 다소 복잡하다. 사방팔방으로 고속도로가 뚫렸어도 아직 영양에는 고속도로 나들목이 없다. 영양과 청송의 경계지점에 '동청송영양'이라는 이름을 가진 나들목이 있어도 그 자리는 엄연히 청송. 서울에서 출발해 경기도 강원도, 충북을 거쳐 경상북도 풍기 나들목을 나와 80km 정도 국도를 달려야 영양이 나온다. 거리로는 대구와 비슷했지만 시간상으로 부산이나 전라남도 완도 가는 시간이었다. 흔한 편의점조차 눈에 띄지 않은 국도를 운전해 읍내에 도착하니 썰렁한 장터가 반기

박카스 병에 담긴 제피가루, 자세히 보면 병 크기가
제각각이다. 개중 병이 조금 더 큰 놈으로 골랐다.

고 있었다. 그 풍경에 처음에는 여기를 왜 왔나 싶을 정도로 난감했다. 하지만 후회는 시간이 지나면서 희석됐고, 영양을 떠날 때는 아침의 난감함 대신 지역의 매력이 대신하고 있었다.

영양은 울릉도 다음으로 인구수가 적은 곳으로 시군에서 유일하게 인구수가 2만 이하로 떨어진 곳이다. 그 탓에 시장은 있었지만 사람이 적었다. 그러나 파는 이, 사는 이 모두 많지는 않아도 4일과 9일 든 날에 상설 시장 앞 골목에 꼬박꼬박 장이 선다. 100m 채 안 되는 거리지만 어물전, 과일전, 채소전은 다 있다. 사람 많은 시장에서는 여럿의 목소리가 모여 홍이 된다. 거기에 정이 묻어가면서 흥정이 된다. 경상도 사투리답지 않게 조곤조곤한 목소리만 오가는 그 안을 조용히 지나다가 제피 앞에서 잠시 멈췄다.

지난주 경기도 양평 가는 길에 용문 오일장에서 산초를 사고는 장아찌를 담갔다. 제피도 있으면 좋겠다 싶었는데 때마침 영양에서 눈에 띈 것이다. 비타제피, 바카제피, 홍삼제피 다양한 제피가 있었다. 5천 원 건네며 집어 든 병의 뚜껑이 비타민 음료 병이었다. 제피와 산초는 비슷하면서도 다르다. 둘 다 운향과 집안으로 산쇼올(sanshool) 성분이 고추의 매운맛과 다른 아리고 얼얼한 맛을 낸다. 제피가 조금 더 강한 맛이 나고 산초와 달리 상큼한 맛이 있다.

추어탕과 어죽에 제피를 넣어야 제맛이 난다 생각하면 얼얼한 맛을 즐길 줄 아는 이다. 제피의 표준어는 초피다. 초피는 최근 유행하는 마라탕이나 훠궈의 얼얼한 맛을 내는 쓰촨성 후추, 화자오와 같은 종이다. 일본에서 산초라 부르는 것 역시 알고 보면 초피다. 늦여름부터 가을 사이 오일장에서 산초나 초피를 만난다면 꼭 산다. 후추 넣은 곳에 넣으면 더 맛을 빛내는 향신료가 제피나 산초기 때문이다.

장터 구경을 끝낸 다음에는 유기농으로 고추 농사를 짓는 농가로 갔다. 농사가 다 어렵지만 고추 농사는 더 힘들다고 한다. 그런 곳에 부득불 찾아간 이유는 '수비초'라는 토종 고추 때문이었다. 한동안 고추는 임진왜란 때 일본을 통해 들여왔다는 것이 정설처럼 이야기되었다. 고추의 유전자 분석은 콜럼버스가 남아메리카에서 가져왔다는 남미 고추와 한반도의 고추가 유전적으로 서로 다르다는 것을 명확하게 알려준다. 게다가 일본 식재료 책에서는 고추를 조선에서 들여

해담는 집

온 사실이 버젓이 기록되어 있다고 한다. 하긴 일본에서 먹지도 않는 식재료가 한반도와 중국으로 전달되었다는 것이 애초에 말이 안 되는 이야기였다(『한식 인문학』, 권대영, 헬스레터, 2019). 수비초는 영양군 수비면에서 오래전부터 재배하던 재래고추다. 고추의 끄트머리가 칼처럼 생겼다고 칼초라고 부른다. 청송의 '청'과 영양의 '양'에서 이름을 딴 청양고추보다 맵다.

수비초는 맵지만 오롯이 매운 것만은 아니다. 고춧가루를 살짝 맛보면 매운맛 다음에 청량한 단맛이 있다. 요리를 해보면 전에 먹었던 다른 매운맛이다. 개운하게 매운맛이 수비초의 매력이다. 농부가 재배하는 고추 중에서 개량형 재래고추인 대복고추도 있다. 묵직하게 매운맛이 수비초와는 또 다른 매운맛을 자랑한다. 수비초가 칼처럼 날카로운 매운맛이라면 대복은 망치처럼 미각세포를 하나씩 때리는 매운맛이다. 수비와 이웃한 일월면에서는 칠성초, 붕어처럼 배가 빵빵해서 붕어초라 부르는 매운맛 고추도 있다고 하는데 실물을 보지 못했다. 맛있고 색다른 고춧가루를 찾는다면 영양에서 찾으면 된다. 대복고추는 영양군에서 품종을 보증하는 고추다.

고추만큼이나 영양 오일장에서 50년 동안 자리를 지키고 있는 식당이 있다. 물닭갈비와 제육볶음 그 사이에 있는 듯한 메뉴가 메인인 곳이다. 물닭갈비는 닭도리탕과 닭갈비의 중간 정도인 음식으로 매콤하게 양념한 닭고기와 채소를 넣고 끓이는데 면까지 넣어 먹다가 볶음밥으로 끝장을 보는 음식이다. 주로 제육볶음 하듯 양념한 고기를 육수에 넣고 끓이듯 볶아 먹는다. 영양에서 불리는 이름은 독특하게 '돼지주물럭'이며 돼지 뼈와 한약재 넣고 만든 육수를 돌판에서 끓이다가 끓기 시작하면 고기를 넣어서 먹는 요리다. 면이나 볶음밥은 따로 없다. 반찬에 따로 나온 삶은 콩나물까지 넣고 볶음을 마무리하면 완성이다. 제육볶음보다 국물이 많다고 보면 된다. 매콤한 국물에 밥을 비비고 난 다음 쌈을 싸 먹는 맛이 꽤 괜찮다.

돼지고기 볶음도 있지만 고기 대신 돼지 막창을 넣은 것도 있다. 영양읍에서 청송 방향으로 가면 선바위 관광지와 작은 면 소재지가 나온다. 작은 면이지만 돌곱창을 전문으로 하는 식당이 몇 집 있다. 돌곱창, 곱돌로 만든 냄비에 매콤하게 양념한 돼지 곱창을 끓여 먹는 음식이다. 주물럭과 먹는 방식은 같지만 맛은 돌곱창이 한 수 위다. 처음에 곱창을 씹으면 질겅거린다. 곱창은 설익으면 조금 부드러운 지우개 식감이다. 익으면서 곱창이 부드러워진다. 그러면서 속에 품고 있던 고소함을 내놓는다. 불 조절이 필요할 정도로 육수가 줄어들면 비로소 제맛이 난다. 먹는 방법은 비슷하다. 국물을 넣고 비빈다. 그리고 곱창 몇 개 올려 씹으면 '7천 원에 이 맛은 참으로 고맙다'는 생각이 든다.

혜성식당이 있는 입암면 소재지 건너편에는 선바위 관광지가 있다. 집으로 돌아오기 전 그곳에서 잠시 별구경을 했다. 사람들이 내는 인공 불빛이 적다 보니 마을에서도 별구경이 가능하다는 이야기를 얼핏 들었는데 그래도 설마 했다.

맘포식당숯불갈비

해성식당

해가 지고 푸르스름한 빛마저 사라지니 마을 위로 별이 총총, 은하수가 머리 위로 나타났다. 사람들 떠난 자리를 별이 지키고 있었다. 여름이면 반딧불이 은하수처럼 빛난다고 한다. 굳이 시장 구경하러 다시 오지는 않겠지만 밤이면 빛나는 반딧불과 은하수를 보러 올 생각이다.

상점 정보

- 해담는 집 **주소** 경상북도 영양군 일월면 금마래길 172 **전화** 010-3345-6051
- 맘포식당숯불갈비 **주소** 경상북도 영양군 영양읍 시장3길 15 **전화** 054-683-2339
- 해성식당 **주소** 경상북도 영양군 입암면 산해리 산9 **전화** 054-682-4076

전라북도 무주

가을

무주는
무조건 부대찌개지

무주 가는 길. 산들거리는 코스모스에, 슬슬 몸집 키우는 김장 배추에, 꽃이 일찍 피듯 단풍도 먼저 물든 벚꽃나무 잎사귀에 내려앉은 가을이 또렷해졌다. 9월 중순에 열리는 서산 장날과 달리 9월 말의 무주 장날 풍경은 사뭇 달라졌다. 시장에 선보이는 채소가 다양해졌다. 어디를 가든 보기 힘들었던 총각무가 곳곳에서 손님을 기다리고 있었다. 다양한 것도 다양한 것이지만 아침저녁으로 부는 선선한 바람에 맛도 얼추 들었다. 무주 오일장은 무주를 감싸듯 지나는 남대천 변 옆에 선다.

우리나라 장터 중에서 유명한 화개장터가 경상도와 전라도 화합이라면 무주는 거기에 하나를 더해야 한다. 무주의 위쪽은 충남 금산, 동쪽은 경북 김천인지라 세 개의 도가 만나는 장터다. 무주장은 금강을 따라 올라오는 서해의 갯것과 내륙의 물산이 만나는 큰 장터였다. 모

고들빼기, 더덕, 도라지 등 뿌리째 먹는 것은 가을이 제철이다.
한여름, 광합성으로 만든 에너지가 듬뿍 들어 있다.

든 오일장이 그렇듯 예전의 명성은 남대천을 따라 흘러갔지만 그래도 제법 사람이 많았다.

시장에 가장 많이 보이는 것들이 그 장터의 인기 상품이라 한 바퀴만 돌아도 대충 감이 온다. 어물전, 과일전처럼 어디에나 있는 것이 아니라 그 동네만의 '인기템'이 있다.

무주장의 인기템은 고들빼기. 두 집 건너 하나 있을 정도로 고들빼기가 자리 잡고 있었다. 고들빼기김치 파는 이들이 심심치 않게 있을 정도였다.

고들빼기는 봄가을로 나온다. 봄에 나는 여린 고들빼기는 초무침으로 그만이고 더운 여름을 보내며 쓴맛을 잔뜩 품은 가을 고들빼기는 김치로 담근다. 고들빼기의 쓴맛을 빼기 위해 배즙도 넣고 물에 오래 담가 쓴맛을 약하게도 한다고 한다. 그래도 고들빼기의 참맛은 혀 전체를 마비시킬 정도의 쓴맛이 아닌가 한다. 잘 익은 고들빼기와 뜨거운 김이 올라오는 밥 한 숟가락. 맛을 아는 이들은 아마도 입안에 군침이 가득 돌고 있을 듯싶다.

또다른 시장 한편에서는 모락모락 김 나는 모시떡이 오가는 이들을 유혹하고 있었다. 한 팩 살까 말까 고민하는 사이 몇 년 전 모시 찾아 무주로 온 지인이 생각난 순간이었다.

예전부터 모시 줄기 껍질로 옷을 만들었다. 모시가 나는 지역에서는 모시로 떡을 해 먹기도 했다. 삶은 모시는 쌀가루와 함께 넣어 떡방아를 찧으면 쫄깃하고 설탕 없이도 부드러운 단맛이 도는 모시떡이 된다. 모싯잎에는 다량의 식이섬유가 있다고 하는데 채소든, 과일이든 다 가지고 있는 것이 식이섬유. 도긴개긴의 식이섬유 말고도 모시 잎에는 다량의 칼슘이 들어 있다고 한다. 게다가 우유의 30배 정도 되는 모싯잎의 칼슘은 체내 흡수가 잘 되어 칼슘 부족이 쉽게 생길 수 있는 여성들에게 좋다고 한다.

우리나라에서 나오는 차 중에서 단맛 도는 것이 있다. 그렇다고 꿀차처럼 달곰한 정도는 아니고 입안에 머금고 있으면 은은한 단맛이 혀를 즐겁게 해주는 정도다. 처음 맛본 모싯잎 차도 단맛이 도는 차 리스트에 끼워줘도 될 만큼의 단맛이 돌았다. 은은한 풀향과 단맛이 잘 어울렸다.

모싯잎 차는 윗동에 새로 돋아난 잎만 사용해서 만든다고 한다. 1년에 다섯 차례 정도 수확과 채취를 끝내며 제초기로 밑동만 남기고 잘라내면 봄이 올 때 다시 돋아난다고 한다. 강인한 생명력을 가진 것

농업회사법인 데이웰

큰손식당

이 우리의 성정과 비슷하기에 오래전부터 옷감에서 먹거리로 우리와 함께 하고 있지 않나 싶다.

모싯잎 구경을 마치고 막 허기졌을 무렵 주변 상인에게서 어죽 집을 하나 추천받았다. 민물고기를 삶아서 육수를 낸 뒤 살코기와 뼈는 체에 거르고 곱게 갈아서 다시 육수에 넣고 얼큰하게 양념한 것이 어죽이다. 동네마다 밥 또는 면을 내주는 것이 다를 뿐 양념은 거의 비슷하다. 말이 어죽이지 어국수나 어국밥이 맞을 듯싶다.

현지인의 추천지는 세 개로 외지인들이 많이 찾는 곳, 풍경이 좋은 곳, 끝으로 어죽 생각나면 지인들과 가는 곳이었다. 당연히 지인들과 가는 곳을 선택했다. 어죽을 주문하면서 민물새우 튀김도 같이 주문했다. 어죽 국물에 새우튀김을 적셔 먹는 맛이 꽤 괜찮기 때문이다. 같이 나온 간장도 좋지만 어죽 국물이 몇 수 위다.

나온 어죽은 깔끔했다. 민물고기는 흙내가 있다고 하는 이들이 많다. 어죽을 제대로 끓이는 집들은 그런 잡내가 없다. 잡내가 나는 이유 대부분은 좋지 않은 재료를 사용할 경우에 그렇다. 물고기는 죽는 순간부터 비린내가 나는데 시간이 쌓이는 만큼 냄새는 강하게 난다. 심할 경우 향신료로도 숨길 수 없다. 이 집은 그럴 걱정 없이 깔끔한 맛이 좋았다. 지리산 근방에서 먹을 때처럼 제피 아니면 방앗잎이 있으면 좋겠지만 없다.

◇◇◇◇◇

무주에 내려가면서 한 끼는 꼭 이것을 먹고 와야지 했던 것이 하나 있는데 부대찌개다. 음식 맛있기로 소문난 전라도에서 웬 부대찌개냐 타박할 수도 있겠지만 먹어보면 그럴 수도 있겠다 싶을 정도의 맛이다. 듣기로 음식점 사장님이 과거에 갈비탕으로 일대를 호령했다고 한다. 그때 번 돈으로 한우 목장을 하고 음식점도 하다가 종국에는 육가공 공장까지 세웠다고 한다. 갈비탕 내던 솜씨로 육수를 내고 소시지를 만들었다. 잘 만든 육수와 소시지에 국내산 김치가 더해지니 맛이 없을 수가 없다.

자가 공장을 운영하니 찌개에 들어가는 햄이나 소시지 양이 상당히 많다. 시중에서 따로 추가하는 양보다 많았다. 무주읍은 무주 나들목에서 5분도 채 안 걸리니 오가는 길에 잠시 들린다면 제대로 된 부

부대찌개애반햇소

도성가든

대찌개 맛을 볼 수 있다. 라면사리가 무한정으로 나오는 것 또한 매력 포인트다.

무주의 오일장을 생각해 보면 유독 땅속의 것이 시장에 많이 나왔다. 여기서 '땅속의 것'이란 별거는 아니고 더덕, 도라지, 토란 등이다. 더덕은 여름을 오롯이 보내고 가을이 되어야 제맛이 든다. 양력 8월의 더덕은 수분이 많기에 특유의 쌉싸름함이 약하다. 더덕은 나물이며, 구이며 여러 가지 방법으로 먹는데 보통 구이는 매콤하게 양념한 것을 굽는다. 여기에 돼지 목심을 더해 굽는다면 밥도둑이 따로 없다. 돼지기름의 고소함과 더덕의 쌉싸름함이 절묘하다. 같이 나오는 묵은 된장으로 끓인 찌개와 더덕 목심 구이 한 상이면 여행의 노곤함이 쉬이 풀린다. 이게 바로 제철 음식이 주는 힘이다.

상점 정보

- 농업회사법인 데이웰 **주소** 전라북도 무주군 무주읍 당산리 1844 **전화** 063-324-8959
- 큰손식당 **주소** 전라북도 무주군 무주읍 단천로 143 **전화** 063-322-3605
- 부대찌개애반햇소 **주소** 전라북도 무주군 무주읍 당산강변로 190 **전화** 063-322-3311
- 도성가든 **주소** 전라북도 무주군 무주읍 오산리 1020-1 **전화** 063-322-2086

경상북도 안동

가을

육지에서 나는 진주를 만나다

2019년 284번째 해와 달이 뜬 가을날, 경상북도 안동에 갔다. 안동을 지날 때마다 생각나는 곳이 있었는데 하회마을 가는 길에 있던 된장 공장이다. 3년, 5년 묵은 숙된장을 생산하는 곳으로 2007년 즈음 봤던 넓은 장독대의 풍경이 머릿속에 각인되어 있었다. 지금이야 묵은 된장 파는 곳이 많지만 2007년도 즈음에는 지금처럼 많지 않았다. 십 년이 넘는 시간이 지나면서 '안동' 하면 생각나는 대표 먹거리가 어느새 시나브로 바뀌었다.

간고등어, 찜닭은 오늘날 안동을 대표하는 먹거리다. 헛제삿밥이나 건진국수도 빠지면 섭섭하다. 안동 참마도, 사과도 유명하다. 나는 그중에서도 내륙지방인 안동에서 나는 진주를 맨 처음으로 꼽는다. 안동의 진주는 차진 식감이 예술이다. 바다의 조개가 진주를 만들어 낸다면 안동은 논에서 '백진주'를 만든다.

백진주는 2001년에 등록된 쌀 품종이다. 일품, 삼광, 영호진미처럼 한자 뜻을 찾아봐야 하는 다른 쌀의 이름과 달리 뽀얀 빛이 나는 둥그런 진주 모양새 그대로 백진주라 이름 지었다. 뛰어난 명소를 설명할 때 '동양의 진주 XX' '남해의 숨은 진주 같은 풍경' 등의 말을 흔히 쓰는데 백진주는 쌀 모양새뿐만 아니라 맛도 백미 중에서 진주 같은 품종이다.

이런 백진주의 장점이 빛을 발하는 것은 현미로 먹을 때다. 일반 현미와 달리 차진 식감이 있어 껄끄러운 식감에 현미를 멀리하는 이도 백진주로 한 현미밥은 편하게 먹을 수 있다. 건강을 위해 현미식을 해야 하는 이라면 메모 필수다.

시장과 시장 사이에 대화를 주고받는 할매들이 있다.
안동시장은 사람 구경, 물건 구경하는 재미가 가득하다.

안동에는 여러 시장이 있지만 사람이 가장 많이 몰리는 곳은 구시장과 신시장이다. 구시장은 안동 문화거리와 붙어 있고 찜닭 골목이 있어 많은 관광객이 많이 찾는다. 구시장은 따로 오일장이 열리지 않지만 신시장은 2일과 7일에 장이 선다. 이른 아침부터 시장을 둘러싸듯 대로변 인도와 골목, 길 건너 시장 주차장 공터에 사람과 농산물이 가득 했다.

제철로 들어선 생강, 사과, 콩, 감, 밤, 대추, 알타리무까지 어서 지갑을 열라는 유혹을 사방팔방에서 받았다. "어서와, 안동 오일장은 처음이지?" 말을 건네는 유혹 때문에 결국은 토란대 말린 것에 걸려들었다. 토란대는 세 가지 버전으로 팔렸다. 아무런 손질을 안 한 것, 편한 것을 찾는 이를 위해 손질한 것, 그리고 말린 것 세 가지.

청송에서 아침 일찍 온 부부가 팔던 토란대는 길쭉길쭉한 개량 토란과 달리 더디 자라고 대가 짧은 재래 토란대라고 하는 말에 바로 샀다. 토종이라고 해서, 구수한 맛이 좋아서 산 것만은 아니다. 두고두고 먹을 수 있게 말린 것이라 샀다. 토란대는 나물로 해도 맛있지만 육개장을 끓일 때 소고기처럼 빠져서는 안 되는 재료다. 얼큰한 소고기 국을 끓일 때 넣어도 좋고, 인스턴트 육개장을 끓일 때 토란대를 더하면 씹는 맛이 한층 좋아진다.

안동 구시장 입구 왼쪽에는 90년 된 떡집이 있다. 매일 기계 아닌 떡메를 들고 찰떡을 친다. 기계로 치면 편하기는 하지만 차지게 씹히고 부드럽게 넘길 수 있는 찰기는 기계로는 낼 수 없다고 한다. 찰떡을 묻히는 재료는 팥, 콩, 깨 세 가지다. 깨만 중국산을 사용하고 팥이나 콩은 국내산을 쓴다.

갓 만든 음식은 다 맛있다. 식은 붕어빵보다는 호호 불며 먹는 뜨끈한 붕어빵이 더 맛있는 까닭이다. 떡도 마찬가지다. 아침 일찍 떡메로 친 떡에 팥, 콩, 참깨 등의 고물을 묻힌 떡은 갓 나온 붕어빵처럼 가장 맛있다. 떡집은 점심 먹기 전에 가야 가장 맛있는 떡을 맛볼 수 있다. 일찍 일어나는 새가 벌레를 잡듯 떡집은 일찍 가야 가장 맛있는 떡을 먹는다.

구시장을 차지하고 있는 또 다른 메뉴는 찜닭이다. '안동' 하면 찜닭을 모르는 이는 아마 드물 정도로 2000년 전후로 찜닭이 전국적 유행을 탔다. 지금에야 그 유행은 사그라들었지만 배달 음식에서 족발이나 수육만큼 빠지면 섭섭할 메뉴이기도 하다. 안동찜닭은 매콤하고 달콤한 간장 소스를 흠뻑 머금은 당면에 밥을 함께 먹어야 맛있다.

때에 따라 안동찜닭이라는 이름 대신 일명 '쪼림닭'으로 불리기도 한다. 찜닭을 조금 더 조려서 국물 없이 만든 음식이다. 안동찜닭과 생김새가 다르지만 젓가락을 부르는 매력은 같다. 오히려 한 수 위다. 달콤한 소스를 즐기다가 목 넘길 즈음 건고추에서 나는 묵직하고 칼칼한 매운맛이 슬쩍 나고는 이내 사라진다. '채소 지옥, 고기 천국'을 외치는 고기 성애자들에게 딱 맞는 메뉴다. 접시에서 눈에 띄는 것은 감자와 떡 조금에 나머지는 닭고기다. 반찬도 별거 없다. 식초에 절인 무가 전부다. 공깃밥을 시키면 김치는 준다.

원조벙어리찰떡

효자통닭

구시장에 찜닭 골목이 있다면 신시장에는 문어 골목이 있다. 문어에서 '문'은 글월 문(文)을 쓴다. 한자 덕에 양반의 물고기라는 해석을 많이 한다. 양반의 물고기는 맞긴 맞다. 교통이 좋지 않던 시절에 동해안의 문어를 먹을 수 있는 신분은 양반 아니면 불가능했을 것이다. 양반의 물고기든 아니든 10월이면 문어 축제를 열 만큼 안동의 문어는 맛있고 유명하다.

그러나 시장 곳곳에 문어 축제를 알리는 현수막이 걸려 있어도 정작 문어 한 점 편히 먹을 수 있는 곳은 따로 없었다. 혹시나 문어 먹을 수 있는 곳이 있나 시장을 돌았는데 몇 바퀴 돌다 보니 산 너머 영덕의 영해장이 생각났다. 영해시장 안에는 가자미 회 파는 곳이 모여 있는데 회를 사서 시장 안에 식당에서 일정 금액만 내면 밥과 함께 먹을 수 있다. 식당마다 안내 문구가 있어 초행자라도 누구나 쉽게 이용할 수 있었다. 순간 안동시장도 그랬으면 좋겠다는 생각을 했다. 그게 아니라면 따로 메뉴 개발할 필요 없이 보리밥 식당에서 보리밥과 문어 숙회를 같이 먹어도 좋을 듯싶은데 없었다. 문어 홍보를 위해 축제 여는 것보다는 편히 먹을 수 있는 곳이 더 먼저 아닌가 하는 생각을 했다.

또 안동 신시장 근처에는 우동집이 있다. 멸치를 통으로 끓인 육수가 자랑인 곳이다. 메뉴는 멸치 육수를 차갑게 해서 내는 냉우동이 대표다. 우동에 짜장과 매운 비빔 소스를 넣은 것이 있어도 대부분 냉우동을 찾는다. 멸치만으로 낸 육수는 멸치 비린내는 없고 감칠맛만 있다. 시원한 온도와 감칠맛에 육수가 끝없이 들어간다. 애주가의 아침을 깨우는 육수로도 손색이 없다. 신시장의 선짓국밥과 냉우동 둘 중 하나를 해장으로 선택하라면 나의 선택은 냉우동이다.

◇◇◇◇◇

시장을 다 둘러보고 나오면 시내에 은어조림을 전문으로 하는 식당이 하나 있다. 안동이 아닌 하동에서 가져오는 은어지만 음식의 형태는 안동식이다. 은어는 회, 밥, 튀김, 구이, 조림 등 다양하게 조리하여 먹는 생선이다. 탕이 대부분인 다른 민물생선보다 다양한 음식으로 낼 수 있는 게 은어만의 장점이다.

낙동강의 상류인 안동은 은어가 유명했다. 댐과 하구언이 생기면서 맛있던 은어가 사라졌는데 그럼에도 음식의 명맥은 끊이지 않았다.

안동에서 나는 질 좋은 고춧가루를 듬뿍 사용해 은어를 조린다.

신선식당

물고기식당

고춧가루가 은어를 덮고 있는 모양새의 음식이 나온다. 덮고 있는 양념을 걷어내고 살과 함께 먹으면 고소한 은어의 살과 매콤한 양념이 입안에서 합창하듯 밥을 부른다. 은어의 뼈는 연하기에 따로 발라낼 필요가 없다. 뼈째 씹으면 된다. 후식으로는 구수한 누룽지가 나온다. 인원에 맞게 솥밥을 짓기 때문에 가능한 후식이다.

안동에 가면 으레 먹어야 하는 것을 빼고도 1박 2일 잘 먹었다. 구시장을 비롯해 식당들이 옹기종기 모여 있기에 안동역 주변에 숙소를 잡았다. 단풍 시작이 초읽기에 들어섰다. 단풍색이 진해지면 식재료의 순수한 단맛도 같이 진해진다. 여름과 달리 가을은 눈과 입이 모두 즐겁다. 여행 가기 딱 좋은 계절이다.

상점 정보

- 원조벙어리찰떡 **주소** 경상북도 안동시 퇴계로 80 **전화** 054-855-8786
- 효자통닭 **주소** 경상북도 안동시 당북길 54 **전화** 054-853-8890
- 신선식당 **주소** 경상북도 안동시 광석3길 20 **전화** 054-853-7790
- 물고기식당 **주소** 경상북도 안동시 서동문로 211-1 **전화** 054-859-2673

경기도 평택

가을

평택에는 특별한 닭이 있다

경기도 평택. 평택을 가면 선친이 생각난다. 인생에서 첫 공문서에 이름과 함께 주소로 올라간 곳이 평택 두정리다. 평택에 대한 기억은 흐릿한 몇 장의 사진으로만 남아 있다. 흙먼지 날리며 달리는 읍내 가는 버스가 있던 신작로, 집 옆에 있던 철책(미군 부대 옆이었고, 선친은 군무원이었다), '물땅크'라 불렸던 동네 명칭처럼 멀리 보이던 미군 부대 물탱크 등등. 평택, 미군 부대, 아버지 이렇게 연결고리가 생겼다.

평택 시내에는 '통복시장'이라는 큰 시장이 있다. 백화점이 들어오든, 대형 할인점이 들어오든 상관없이 통복시장에는 사람이 차고 넘친다. 600개 넘는 점포와 노점에는 상품이 가득하다. 상품의 진열 높이가 높고, 다양하고, 호객 행위가 짧으면서 힘차다. 정상적인 기능을

천일인삼

하는 시장의 모습이다. 오랜만에 만나는 흥겨운 시장이다. 주 통로가 되는 시장길과 그 옆으로 조금 좁은 시장길을 두고 몇 개의 골목이 연결된 모습이다. 먹을 수 있는 곳, 장을 보는 곳이 구별된 듯 아닌 듯한 모습이 마치 서울 광장시장과 비슷했다.

소소하게 서는 통복시장과 달리 제법 큰 오일장도 있다. 서정이나 팽성에서도 열리지만 오일장 구경을 제대로 하려면 송탄시장이 제격이다. 4, 9일이 든 날에 열리는 송탄시장은 상설 시장을 한 바퀴 감싸고는 길 건너 송북동 주민센터까지 길게 선다. 홍정이 차고 넘치는 오일장이기에 상설 시장 골목골목까지 활력을 불어 넣는다.

11월은 만물에 단맛이 드는 시기다. 그래서 늦가을에는 무엇을 먹든 맛있는데 그중에서도 김장 재료들을 손꼽을 수 있다. 인구도 줄고 직접 김치 담그는 이들이 줄었다고 하더라도 김장은 김장이다. 오랫동안 해 온 큰 행사가 어느 순간 쉬이 사라지지는 않기에 그만큼 시장에는 배추, 무, 고춧가루, 생강, 마늘 파는 곳에는 사람들이 호떡집보다 많았다.

11월 중순의 배추는 충청남도를 비롯한 중부권의 배추가 가장 맛있다. 배추가 자라기에 적당한 온도라 맛이 좋을 수밖에 없다. 11월 말이 되고 12월이 되면 전라남도를 비롯해 상대적으로 따듯한 남쪽 지방 배추가 비로소 제철을 맞는다. 배추는 20도 이하에서 잘 자라고 15도 전후가 성장을 위한 최적의 온도라고 한다.

북쪽에서 찬 바람이 불면 배추는 남쪽으로 내려가 단맛을 채운다.

찬바람 불기 전에는 높은 지대인 강원도 배추의 단맛이 좋다. 김장할 때 특정 지역의 배추를 무작정 사는 것보다는 담그는 시기에 따라 배추를 선택해 담그는 것이 좋다. 맛도 좋거니와 제철이라 배추 생산량도 많아 상대적으로 가격도 저렴하기 때문이다.

김장에는 바다에서 난 것도 필요하기에 시장에는 젓갈 파는 곳도 사람이 많았다.

새우젓은 추젓, 오젓, 육젓 등 젓새우를 잡은 시기에 따라 구분을 한다. 육젓이 최고라 하지만 이건 옛날 이야기. 속담 중에 '기왕이면 다홍치마'가 있다. 같은 돈이면 더 예쁜 것이 낫다는 의미다. 그런 의미에서 육젓은 다홍치마였다. 조금은 비싸지만, 기왕이면 젓새우살이 올라 통통한 육젓이 좋다는 것이다.

새우젓을 살 때 주의할 점은 한 가지다. 인심 좋게 퍼주는 젓국은 피해야 한다는 것. 젓국은 젓갈이 숙성하면서 나오는 진국인데, 이 안에서 소금의 삼투압 현상이 생기면서 새우가 조금씩 물러진다. 새우가 가진 단백질은 미생물의 분해 과정 중에 물이 생기게 하고 그 물에는 감칠맛 성분이 가득 차게 된다. 어찌 보면 새우젓 통에서 주인공은 새우가 아니라 사실은 젓국인 것이다. 그런 주인공을 마구마구 퍼주는 인심은 소금과 MSG로 만들어 낸 마술 덕택이다. 새우젓은 종류가 아니라 숙성한 시간이 더 중요하다.

평택 통복시장 주변으로는 오랫동안 큰 시장으로 굳건히 자리 잡고 있는 노포가 꽤 있다. 그런 노포를 지나쳐 조금 떨어진 식당으로 밥을 먹으러 갔다.

시로 승격하기 전 평택에는 양계장이 많았다. 오늘날은 대부분 사라졌지만 그 시절에 먹던 닭볶음은 사라지지 않고 남아 있다.

암탉이 알을 낳다가 일정 기간이 지나면 알을 많이 낳지 못한다. 강제 털갈이라 하여 먹이도, 물도, 빛도 없는 곳에서 가두기도 한다. 그런 환경을 버텨낸 닭은 다시 처음의 닭처럼 알을 낳는다. 강제 털갈이를 하지 않으면 폐계닭으로 팔린다. 보통은 식품 공장으로 팔려가 가공식품의 재료가 되거나 닭개장의 재료가 되기도 한다. 폐계닭이라 불리지만 병아리부터 해서 겨우 1~2년 지난 닭이다. 치킨이든 삼계탕으로 먹는 한 달 혹은 보름 남짓 키운 육계와 비교해 질길 뿐이지 못 먹을 닭은 아니다.

평택의 닭볶음은 먼저 폐계를 압력솥에 삶아서 부드럽게 한다. 부드럽다고 했지만, 육계보다 훨씬 탄성이 있다. 삶은 닭을 매콤한 양념에 버무리고는 기름 두른 프라이팬에서 말 그대로 볶아낸다. 볶아낸 닭을 먹다가 전가의 보도인 볶음밥으로 마무리다. 매콤한 맛이 힘겨울 때 계란찜을 주문하면 되는데, 폐계이기에 아직 덜 여문 달걀이 같이 나온다. 같은 양의 육계로 만든 닭도리탕보다 훨씬 저렴하고 맛도 있다. 폐계는 질기다는 단점이 있지만 이는 압력솥으로 얼추 해결되는 문제이고, 단점이 있으면 장점이 있는 법. 폐계를 씹는 동안에 육계에는 없는 감칠맛이 계속 나온다. 제대로 씹는 맛이 있는 음식이다.

용이동군계 폐계닭

◇◇◇◇◇

평택에는 각국의 음식을 파는 식당이 많다. 통복시장만 하더라도 세계 각지의 음식을 맛볼 수 있다. 게다가 용산이나 의정부에 있던 미군 부대가 평택으로 이전하면서 평택 안정리에는 햄버거를 비롯한 미국식 음식 파는 곳이 꽤 많이 들어 섰다.

2년 전에 평택을 갔다가 집으로 돌아가는 길에 햄버거가 있지 않을까 해서 무작정 안정리를 찾아간 적이 있다. 몇 군데 햄버거집이 있었는데, 그중에서 한 집을 골라 들어갔다. 주문한 햄버거를 보니 잘 녹은 치즈며 두툼한 패티에 번 상태 또한 괜찮았다. 보기 좋은 떡, 아니 햄버거가 맛까지 좋았다. 서울 시내에서 먹었던 햄버거보다 맛있었다. 그 이후로 이곳은 출장에서 돌아오는 길에 햄버거가 당기면 일부러 찾아가는 곳이 됐다.

쥬시버거앤프라이즈

바비브레드

햄버거만큼이나 맛있는 빵집도 있다. '바비브레드'. 평택의 쌀로 빵을 만드는 브랜드 빵집의 이름이다. 쌀 전분은 밀가루 전분과 구성이 달라 빵이 잘 안 된다. 이곳의 쌀 빵은 초창기 빵과 달리 글루텐도 섞지 않지만, 시간이 지나도 밀가루로 만든 빵처럼 쉽게 굳지 않는다. 식재료 활용해만 목적을 둔 곳이 전국에 많다. 목적이 그러다 보니 맛까지 있는 곳이 드물지만 여기는 예외다. 오가는 길이면 쌀 카스텔라를 항상 사온다. 치아바타를 비롯해 몇 가지 건강빵이 있지만 내 선택은 카스텔라다. 인터넷 쇼핑몰에서도 구매할 수 있지만, 평택 오성면에 있는 체험장 2층 카페에서 빵을 사거나 쌀로 맛을 더한 커피도 맛볼 수 있으니 현장 방문을 권한다.

카메라 들고 있는 손이 시리기 시작했다. 김이 나는 곳이나 열기가 있는 곳 그리고 햇볕이 드는 곳에 사람들이 모인다. 천고마비, 달리는 말이 살찔 정도로 가을에 나는 것은 맛있다. 손이 점점 시릴수록 입속으로 들어오는 음식은 점점 달곰해진다. 가을은 달콤한 계절이다.

상점 정보

- 용이동군계 폐계닭 **주소** 경기도 평택시 현촌5길 5-8 **전화** 031-652-7430
- 쥬시버거앤프라이즈 **주소** 경기도 평택시 팽성읍 안정리 113-136 **전화** 010-3575-1971
- 바비브레드 **주소** 경기도 평택시 오성면 숙성리 232 **전화** 031-681-2791

전라북도 완주

가을

전국 최강의 육회비빔밥을 만나는 완주

전라북도 완주군은 전주시를 포근하게 감싸는 모양새다. 보름달이 환하게 빛날 때 주변의 별들은 밝은 달빛에 가려 찾기 힘들다. 전주 옆에 있는 완주도 보름달 옆 별들처럼 애써 찾지 않으면 잘 보이지 않는 곳이다.

1935년 전주군에서 전주읍이 전주부로 승격되면서 나머지 전주군의 행정구역이 지금의 완주군으로 변경됐다. 그 과정으로 세 개 읍, 열 개 면이 전주를 빙 둘러싸는 현재 모양새가 됐다.

그런 완주의 고산 오일장은 4일과 9일에 열린다. 상황에 따라 다르겠지만 대도시 옆에 위치하면서 도로가 좋아지는 지역의 오일장은 대부분 그 명맥만 유지한다. 고산장도 그랬다. 몇몇 판매자들만 버스터미널 사거리에 옹기종기 모여 있는 정도였다. 몇몇만 있다고 하더라도 좌판에 놓인 농산물에서 제철과 지역색 등의 분위기가 제법 풍겼다.

대표적인 하나가 바로 생강이었다. 완주의 봉동 지역은 생강으로 유명한 곳이다. 생강의 최초 재배지기도 하고 한동안은 전국 최대 생산지이기도 했다. 지금은 서산, 태안, 안동 등지에 생산량에서 밀리지만 품질만큼은 최초 재배지로서의 명성을 지키고 있다. 좌판의 생강을 찬찬히 살폈다. 튼실한 모양새가 대부분이다. 내가 따로 찾았던 생강은 크기는 작지만 매운 향이 진한 재래종이었는데 여러 판매자 중에서 한 사람만 재래종을 팔고 있었다. 음식에 쓰기에는 큼직큼직한 개량종이 좋다. 생강도 생강이지만 주변을 대둔산 모악산을 끼고 있기에 이곳에서는 맛있는 대추도 많이 나서 생강차 담글 때 같이 넣을 용도로 마른 대추도 같이 샀다.

완주의 오일장은 다른 곳보다 로컬푸드 매장이 융성하다. 전국에 로컬푸드 매장 열풍을 일으킨 곳이 바로 완주군 용진농협이다. 이곳의 로컬푸드 매장은 2012년에 문을 열었다. 최근에는 전주 시내에 2호점을 열었을 정도로 찾는 사람이 많다. 다른 농협에서 운영하는 로컬푸드 매장들과 달리 상품의 수도 다양하거니와 품질 또한 좋았다. 특히 여기에서 오랜만에 맛본 바람떡은 쫄깃한 식감과 구수한 팥소가 인상적이었다. 그뿐만 아니라 우리밀이나 쌀로 만든 빵의 다양성을 보면 매장을 찾는 손님이 많다는 증거이기도 하다. 매장이 잘 안 되는 곳은 유통기한이 짧은 일일 배송 식품은 재고 부담으로 취급이 어려운데 용진농협처럼 장사가 잘되는 곳일수록 일배식품들이 다양하다.

채소는 수확 시점이 가장 맛있다. 수확하고 시간이 지나면서 포도당을 호흡 작용의 에너지원으로 사용하기에 단맛이 없어진다. 로컬푸드 매장의 장점은 바로 싱싱하고 맛있는 채소를 직거래한다는 것에 있다. 오전에 수확한 것을 매장에 바로 전시하고 판매하기에 맛이 좋을 수밖에 없다. 슈퍼마켓의 채소는 수확, 경매, 중도매인, 소매의 단계를 거치기에 로컬푸드 매장의 싱싱함을 이길 수가 없다. 게다가 가격까지 저렴하다.

로컬푸드 매장에는 채소만 있는 것이 아니라 지역 농산물로 만든 다양한 가공식품도 있다. 완주군의 특산물인 생강으로 만든 차나, 농축액, 과자 등이 그렇다. 특히 최근에 오픈한 용진농협 2호점에는 인근 지역에서 나는 농·축·수산물로 반찬과 과일 차를 만드는 연미향도 있어 구경 삼아 가기에도 좋다. 1호점이나 2호점 둘 다 전주 시내에서 멀지 않은 곳에 있으니 차를 가져갔을 때 잠시 들리면 다양한 식재료와 음식을 만날 수 있다.

곶감도 그중 하나에 속한다. 곶감은 건조 정도에 따라 건시와 반건시로 나뉘는데 반건시는 말 그대로 반 정도만 말린 곶감으로 부드러운 식감이 매력적이다. 반면에 건시는 말 그대로 완전히 말린 것으로 뒷골을 울리는 쨍한 단맛과 쫄깃한 맛이 좋다. 건시를 진짜 곶감이라고 주장하는 이도 있지만 서로 다른 맛의 곶감일 뿐 좋고 나쁘거나 혹은 진짜니 가짜니 할 필요가 없다. 다만 곶감으로 유명한 동네 대부분에서는 만들기 편한 반건시를 주로 만든다.

로컬푸드 1번지 완주군. 떡도 구색으로 갖다 놓지 않았다.
다니면서 먹어본 떡 중에서 가장 맛있었다.

완주는 그와 다른 곶감을 생산하고 있지만 아는 이가 많지 않다. 만경강의 상류인 대아호를 품고 있는 동상면은 건시 중에서 겉이 검은 빛이 나는 곶감을 생산한다. 곶감을 만드는 감은 크기가 작고 씨가 거의 없는 고종시다. 동상뿐만 아니라 인접한 고산, 화산, 경천을 다니다 보면 집집마다 곶감 말리는 시설이 있을 정도로 곶감을 많이 생산한다. 보통 곶감을 만들기 위해서는 건조기에 감을 넣고 말린다. 그러면 곧 우리가 익히 알고 있는 붉은색으로 물든다. 한편 바람과 태양으로 자연건조를 하여 말리게 되면 몇 배의 시간이 더 드는 것은 물론 그 색도 검은색에 가까워진다. 그래서 자연건조를 이용한 동상 곶감을 처음 보면 대부분 사람들이 검은빛 때문에 놀란다. 맛보고 나서는

◀ 색은 검지만 맛은 최고인 고종시, 50일의 긴 시간을 말려 탄생한다. 고종시를 먹으면 비로소 곶감다운 곶감을 먹는 듯하다.

더 놀란다. 맛이 상상 이상으로 맛있기 때문이다.

동상 곶감은 감이 약간 떫을 때인 11월 초부터 말린다. 곶감 맛을 생각하고 먹어서 그런지 생산지에서 맛본 연시가 된 고종시는 생각보다 단맛이 덜했다. 고종시는 역시 곶감으로 먹어야 제맛이다. 곶감을 새로 말리는 시점이기에 작년에 말린 것은 거의 없다. 아마도 12월 20일 전후가 되어야 햇곶감을 맛볼 수 있을 것이다. 50일 동안 떫었던 감은 다디단 곶감이 된다.

완주군 고산면은 다양한 한우가 키워지는 곳이기도 하다. 숫자는 많지 않지만 오래전부터 칡소, 흑소를 사육해 왔다. 누런빛을 띤 거세우를 비롯하여 암소, 황소를 고루고루 키우고 있다. 다양한 한우를 생산하기에 옛날부터 전주에서도 생고기 맛을 보러 일부러 찾아오던 곳이 고산이다.

고산의 한우 브랜드는 '고산미소'다. 그 이름처럼 고산에서 고기를 먹고 나면 미소를 두 번 짓는데 먹으면서 짓고, 계산하면서 저렴한 가격에 짓는다. 특히 미경산 암소를 먹고 나면 미소 짓는 시간이 곱절로 늘어난다. 육질은 보드랍고 씹을 때마다 감칠맛이 감도는 맛은 같은 등급이라도 거세우가 가지지 못한 맛이다.

그래서 남원이나 순창, 순천 출장길에 밥때가 되면 일부러 고산을 들리기도 한다. 하루 100그릇 한정인 갈비탕은 어쩌다 운이 좋으면 먹었고 대부분은 육회비빔밥을 먹었다. 육회비빔밥이 어디나 있지만 고산의 육회비빔밥은 육회 양으로 특별나다. 물 반 고기 반에서 '물'을 '밥'으로 한 글자 바꾸면 '밥 반, 고기 반'으로 완벽한 설명이 된다. 육회비빔밥을 먹을 때 항상 아쉬운 것이 육회의 양일 테지만 고산에서는 아쉬움을 느끼지 않는다. 대충 비빔밥을 펴도 육회 양이 많다. 그것도 다 먹을 때까지 말이다.

◇◇◇◇◇

완주에서 대둔산 너머는 금산이고, 모악산 너머는 순창과 정읍이다. 높은 산을 끼고 있는 지역은 가을이 일찍 오고 빨리 가지만 대신 맛있는 콩이 난다. 벼 수확이 끝나면 그다음 남은 것이 콩 수확이다. 11월이 돼야 비로소 해콩이 난다. 햇것들은 가을이 주는 축복이다. 해

고산미소 한우

원조화심두부

콩을 갈아 만든 두부는 1년 중 가장 맛있다. 콩으로 만든 된장은 묵어야 맛이지만 두부는 해콩으로 했을 때가 가장 맛있다. 두부 공장에서 오랫동안 일한 이들도 아침 두부와 저녁 두부의 맛이 다르다 하니 해를 넘긴 콩으로 만든 것과는 아무렴 다를 수밖에 없다.

완주군 소양면에서 진안으로 넘어가는 중간에 두붓집들이 여럿 몰려 있다. 한 집에서 시작해 사람이 몰리니 두부 파는 식당들이 연이어 문을 열었다. 큰길을 사이에 두고 마주 보고 있다. 두부 넣고 얼큰하게 끓인 김치찌개도 좋지만 몽글몽글 부드러운 식감의 순두부는 언제 먹어도 맛있다. 식사하고 난 후 입구에서 파는 두부 도넛을 입가심으로 먹어도 괜찮다. 식어도 딱딱해지지 않고 시간이 지나도 쉬이 딱딱해지지 않는다. 두부 먹기 좋은 계절이다.

상점 정보

- 고산미소 한우 **주소** 전라북도 완주군 고산면 남봉로 **전화** 063-261-4008
- 원조화심두부 **주소** 전라북도 완주군 소양면 전진로 1066 **전화** 063-243-8952

4장

겨울, 맛이 빛나는 시간

경상남도 통영

겨울

겨울 통영의 참맛은 전갱이

매주, 매달 떠나는 길이지만 유독 출장길이 설레는 곳이 있다. 강원도는 삼척, 경남은 하동과 통영, 전라도는 고흥이다. 추억이 있는 곳도 있고 그냥 좋은 곳도 있다.

통영은 그냥 좋은 곳이다. 통영으로 가는 길 함안 나들목을 나와 가장 좋아하는 어죽집이 있는 수동면으로 갔다. 오랜만에 방문을 했더니 그 사이 주인이 바뀌었다. 할매 혼자 하시던 곳인데 2년 전에 가게를 넘겼다고 한다. 조용히 어죽 한 그릇을 하고 다시 통영으로 향했다.

통영에는 대표적으로 중앙시장과 서호시장이 있다. 중앙시장은 구경하러 가기에 적당하고, 서호시장은 장을 보러 가기에 적당한 곳으로 그 규모는 중앙시장보다는 작지만 무엇보다 가격이 좋고 물은 더 좋은 까닭에 가는 맛이 있다. 중앙시장 오일장이 서는 날 함께 열리는 서호시장 새벽 장에 볼 것이 많다는 이야기를 미리 들었기에 내심 기대가 컸었다. 하지만 아쉽게도 이번 출장길에는 풍성함을 보지 못했다. 통영 중앙시장의 오일장도 코로나가 안정될 때까지 금지라고 했다. 그렇게 아쉬움을 뒤로한 채 통영에서 하룻밤을 지냈다. 다음 날 아침 일찍부터 간 서호시장은 파는 이와 사는 이들이 많았다. 그 속에서 타지 사람은 대충 돌아봐도 나뿐이다. 말 건네는 것도 조심스럽다. 작년 코로나가 막 퍼지기 시작했을 때와 분위기가 사뭇 달랐다. 그때는 마스크 쓴 사람이 반반이었다.

마스크를 두고 오가는 사투리가 구수하다. 상인과 손님 사이의 대화에는 살가운 정이 한가득이었다.

특히 상설 시장 옆 좌판에 볼 것이 많았다. 크지 않은 난전이지만 채소전과 어물전이 경계 없이 나뉘어 있었다. 서울에서 온 나에게는 따듯한 날씨였지만 통영 사람들에게는 0도 내외도 추운 날씨여서 그런지 좌판마다 숯불 피운 간이 난로가, 그 위에는 모양과 형태가 다른 냄비와 주전자가 자리를 지키고 있었다.

슬쩍 둘러보고는 좌판 구경을 나섰다. 12월은 채소보다는 생선의 계절이다. 채소도 맛있지만 그래도 1년 중 생선이 가장 맛있는 시기인지라 자연스레 어물전으로 눈이 갔다.

통영은 굴이 유명하다. 통영과 고성 사이, 통영과 거제 사이에 파도가 덜 치는 골마다 굴 양식장이 자리를 잡고 있다. 굴뿐만 아니라 붕장어 통발 어업도 많이 하는 곳이 통영이다. 항구 주변을 다니다 보면 바닷장어 파는 식당이 많은 까닭이다. 전문적으로 수산물을 하는 곳에서는 살아 있는 대구도 볼 수 있는 곳이 서호시장이다.

정작 지갑을 연 곳은 이런저런 구경을 하다가 고등어 좌판 앞이었다. 물이 좋은 겨울 고등어에는 단맛이 가득하다. 몇 년 전까지만 하더라도 겨울이 오면 경주 감포로 고등어 낚시를 가곤 했다. 바로 잡아서 회 쳐 먹는 맛도 있지만 구이나 조림으로 먹어도 맛있는 게 고등어다. 그런 까닭에 물이 아주 좋은 겨울 고등어 앞에서 지갑이 절로 열렸다.

고등어는 통영에서 이웃한 부산 혹은 조금 떨어진 여수에서도 오기도 하고 통영의 배가 직접 나가 잡아 온다고도 한다.

서호시장은 통영에서 식당하는 이들이 매일 새벽 찾는다.
시장 한편에 있는 백반집이나 시락국집을 찾는 재미도 있다.

사실 겨울 고등어는 잡는 곳이 중요하지 않다. 잡는 시기가 중요할 뿐이다. 추운 날씨를 나기 위해 에너지를 잔뜩 몸 안에 축적해놓는 시기인 겨울에 맛있다.

통영에서는 고등어를 잡기만 하지 않는다. 많이 키우기도 한다. 통영에서 배로 한 시간 거리에 욕지도가 있다. 이곳에서 고등어 양식을 오랫동안 해온 터라 고등어 양식장도 보고 물메기 말리는 것도 볼 겸 욕지도행 배를 탔다. 항구에 들어설 즈음이면 욕지도 주변에 동그란 모양새의 고등어 양식장이 보이기 시작한다. 고등어 양식은 치어를 1년 이상 키워서 출하하는 방식인데 항구에 내리면 식당마다 고등어가 헤엄치고 있는 둥그런 수족관을 볼 수 있다.

산 고등어는 회가 가장 맛있다고 하지만, 욕지도를 한 바퀴 돌고 나니 매콤한 것이 당겨 고등어 조림을 선택했다. 겨울 초입에 달곰한 무까지 넣은 조림이라면 밥 도둑게의 왕으로 추대해도 될 만큼 맛있다. 조림을 주문하니 나박썰기한 무 아래에 고등어 두 마리가 있었다. 겉은 빨갛지만 속은 새하얀 속살을 조림 국물에 적셔 먹었다. 국물을 흠뻑 머금은 무도 먹었다. 먹고, 먹다 보니 두 번째 공깃밥 뚜껑을 열고 있었다.

욕지도와 이웃한 연화도도 고등어 양식을 많이 한다. 그러나 연화도는 다음 기회에 가보기로 하고 '매가리' '메가리' '아지' 등으로 불리는 연화도의 전갱이 회로 대신하여 고등어 조림 다음의 식사를

늘푸른횟집

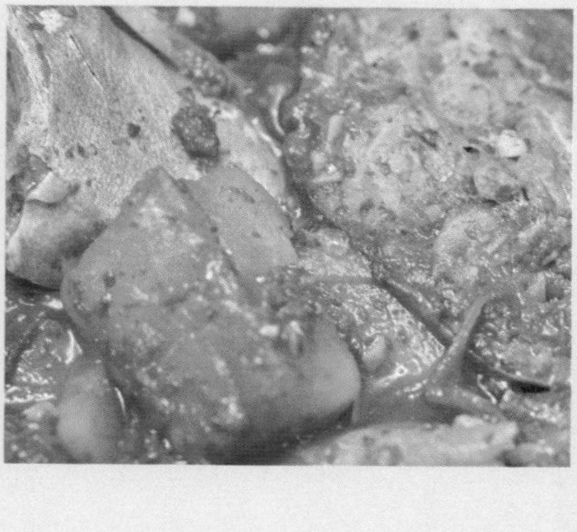

연화고등어와전갱이

이어갔다.

산 전갱이는 연화도에서 고등어처럼 축양해서 육지로 내보낸다고 한다. 대신 길게 축양하지 않고 보름 정도 한다고 한다. 그래야 이송 중에 죽지 않고 생생하기 때문이다. 먹이를 주지 않고 축양하여 적당히 지방이 빠진 전갱이로 회를 치면 꼬들꼬들한 살 맛이 예술이다. 보통 전갱이는 숙성해서 회 또는 초밥으로 먹는다. 부드러운 식감으로 먹었던 이전의 전갱이와는 전혀 다른 맛과 식감을 경험했다. 초밥도 있지만 초밥보다는 회가 좋을 듯싶어 2만 원 하는 산 전갱이 회 작은 것을 주문했다. 쓸데없는 상차림이 빠지니 가격이 저렴해졌다. 공깃밥 하나도 주문해 회 쌈밥으로 먹었다.

술을 마시다 보면 맛있는 밥이 술안주가 되기도 한다. 거꾸로 좋은 술안주가 밥반찬이 되기도 하는데 바로 이 경우가 그랬다. 지방을 품은 꼬들꼬들한 회 몇 점에 쌈장을 얹고 한 쌈하니 눈이 저절로 감겼다. 왜 잠기는지는 먹어 봐야만 안다. 글로 봐서는 모른다.

겨울이면 방어를 많이 찾지만 12월 통영에서는 방어보다는 전갱이다. 가격으로든 맛으로든 전갱이 앞에서 방어는 잠깐 동안 '따위'가 된다.

◇◇◇◇◇

통영에 오면 한 끼는 꼭 먹고 오는 집이 있다. 방송에 나오기 전부터 다니던 곳이다. 이곳에 가면 늘 멍게 비빔밥을 먹지만 가끔은 합자국 비빔밥을 먹기도 한다. 홍합은 삶은 뒤 건조해 따로 보관하고 홍합

멍게가

삶은 물을 조리고 조린 것이 바로 합자국이다. 수백, 수천 개의 홍합 국물이 진하게 농축된 맛으로 그때도 그랬지만 지금도 최고의 조미료가 된다. 합자국을 넣으면 맛이 풍부해진다. 화학조미료가 내는 가벼운 맛과 확실히 다른 향미가 있다. 그리고 홍합을 다져서 참기름으로 볶은 것을 고명으로 올린 비빔밥에 합자국으로 조미를 한 조합이 '합자국 비빔밥'이다. 차림새가 고추장 팍팍 넣고 비비는 것과 달리 심심한 듯 보이지만 헛제삿밥처럼 매운맛이 없으니 각자의 맛이 오롯이 살아 있다. 합자국 비빔밥의 매력이다.

통영 여행도 마무리가 될 때쯤 해는 섬 너머로 사라지고 있었다. 올해 남은 해넘이를 세어보니 여덟 개. 겨울에 지는 햇살을 바라보면 이상하리 만큼 기분이 내려앉는다. 여름과는 사뭇 다른 느낌이다. 한 해 마무리를 차분하게 잘하라는 배려인 듯싶다.

상점 정보

- 늘푸른횟집 **주소** 경상남도 통영시 욕지면 동항리 780-85 **전화** 055-642-6777
- 연화고등어와전갱이 **주소** 경상남도 통영시 항남4길 31 **전화** 055-648-3190
- 멍게가 **주소** 경상남도 통영시 동충4길 25 **전화** 055-644-7774

경상남도 남해

겨울

달곰한
남해의 겨울을 느끼다

경남 남해의 오일장을 보기 위해 새벽길을 나섰지만 가는 날이 장날이었다. 어둠을 가르고 남해에 도착하니 아침 9시. 딱 알맞게 도착했지만 장터에는 생각보다 사람이 적었다. 원래 이런가? 주위를 둘러보니 오일장의 중단을 알리는 플랜카드가 걸려 있었다. 경남 고성장처럼 시끌벅적한 분위기를 상상하며 왔지만 코로나의 확산으로 기대는 부서졌다. 그래도 상설 시장이 어느 정도 활성화된 곳이기에 남해의 달곰한 겨울 맛은 다행히 구경할 수 있었다.

굴, 유자, 시금치는 서로 다른 달곰한 맛을 자랑하는 남해군의 겨울 식재료다. 우리나라에서 생산되는 60~70%의 굴은 이웃한 통영, 고성, 사천, 거제에서 나오지만 남해군에는 조금 더 특별한 굴이 있기에 해마다 겨울이면 남해에 오곤 했다. 굴, 시금치 등을 구경하며 시장을 기웃거리다 보면 싱그런 향이 가끔 머물다 간다.

겨울에 만나는 남해의 시금치는 과일처럼 달다.
그 무렵 시금치를 넣어 만든 김밥은 백미 중에 백미다.

통영에는 겨울이면 여지없이 유자 껍질을 까는 이들이 있다. 묵묵히 앉아 깎은 유자가 쌓일수록 주변의 향긋함은 진해진다.

얼마 전 예산 오일장에서 산 탱자를 청으로 만들어놨기에 남해 유자는 청으로 사먹기로 했다. 유자에서부터 껍질째 갈아서 농축한 유자즙까지 있어 다양하게 선택할 수 있었다. 사실 유자든 탱자든 누가 애써 만든 것을 감사한 마음으로 사 먹는 게 가장 편하고 좋은 법이다.

남해군과 사천시 사이에 다리로 연결된 창선도가 있다. 창선과 남해군의 삼동 사이가 바로 지족해협이다. 물살이 빨라 예로부터 전통어법과 죽방렴이 발달한 곳이다. 죽방은 바다에 나무 기둥을 촘촘히

굴
만원

박아 벽을 세우고 끝은 둥그렇게 둘러 물고기가 빠져나가지 못하게 만든 어구다. 이곳에서 쓰이는 어법은 다른 어법과 달리 고정식이어서 물살 따라 들어온 고기만 잡을 수 있다. 효율은 떨어지는 대신 물고기를 상처 없이 잡을 수 있어 수확물이 깔끔하다. 주로 멸치가 잡히며 이 멸치를 삶고 말리면 유명한 죽방멸치가 된다.

지족해협의 죽방렴 옆으로는 굴 양식장이 있다. 통영이나 고성에서처럼 깊은 바다에서 키우는 방식이 아닌 투석식으로 굴을 키우는 곳이다. 투석식은 물이 빠지면 드러나는 펄에 돌을 던져놓고, 그곳에 봄철 산란한 굴 유생이 달라붙게 한 후 시간이 지나 굴이 자라면 수확하는 방법이다. 투석식 굴은 하루에 두 번 굶는다. 썰물에 물이 밀려나면 플랑크톤을 먹고 사는 굴은 먹이 활동을 할 수 없기 때문이다. 이와는 달리 깊은 바다에서 양식하는 굴은 밀물과 썰물에 상관없이 24시간 먹이 활동을 한다. 통영 굴이 살이 크고 실한 까닭도 여기에 있다. 반면에 지족리 굴은 통영보다 알이 작지만 향과 단맛은 월등히 좋다.

한편 같은 투석식을 이용한 양식법일지라도 지역에 따라 맛 차이가 난다. 투석식은 조수간만의 차가 큰 지역에서 많이 하는 방식으로 전라남도 고흥이나 서해의 갯벌에서도 많이 한다. 갯벌에서 자라는 굴은 진한 맛이 있는 반면 맑은 물이 흐르는 지족리 굴 맛은 깔끔하다. 깔끔하고 진한 굴 맛이 좋다면 지족리 굴이 알맞다. 조금 더 진한 향을 원하면 갯벌에서 수확한 굴이 맞다. 좋고 나쁨이 아니라 맛이 다름으로 선택하면 된다.

◇◇◇◇◇

다랭이 마을은 남해군에서 이름난 관광지다. 해안가 산비탈을 깎고 석축을 올려 만든 논이 층층이다. 봄이면 유채꽃이, 가을까지는 벼가 논의 주인공이다. 추수를 끝내면 그 자리는 남해의 명물인 시금치와 마늘의 차지다. 마늘뿐만 아니라 시금치를 심은 밭 또한 고개만 돌리면 볼 수 있을 정도로 많다.

개인적으로는 시금치를 좋아하지는 않는다. 어릴 적 소풍 갈 때 어머니가 싸주시던 김밥의 시금치도 빼달라고 할 정도였다. 지금도 딱히 좋아하지 않지만 겨울이 되면 꼭 시금치를 사서 요리를 한다. 특히 기온이 영하로 떨어지거나 남녘에 눈 소식이라도 들리면 며칠 있다가 시금치를 산다. 눈이 내리고 추위가 혹독해지면 시금치 이파리는 진한 녹색이 검게 보일 정도로 진해지고 그만큼 단맛도 진해진다. 시금치에 내리는 서리나 함박눈은 도넛에 뿌리는 설탕 같다. 한여름에 보던 어여쁜 녹색과는 다른 겨울 시금치의 시커먼 모습은 맛의 관점에서 참 매력적이다. 그런 겨울의 시금치를 다랭이 마을에서 잠시 구경을 하고 끼니를 때우기 위해 식당을 찾았다.

이쯤 되면 갈치의 단맛이 어느 정도 올랐겠다 싶어 메뉴로 갈치구이를 골랐다. 갈치라는 게 제주와 남해 사이에 어장이 형성되면 큰 항구의 배들이 어장에 몰리는데, 거기서 제주 배가 잡으면 제주산, 목포 배가 잡으면 먹갈치가 된다. 남해 미조항에서 출발한 배가 잡아 오면 국내산이다. 사실 '어디'산이 중요한 것이 아니라 '언제' 잡히느냐가

다랭이 마을은 멀리서 봐야 제맛이다. 골목골목 구경을 하다가
위로 올라와 아래를 내려다보면 비로소 그 아름다움이 보인다.

중요하다.

겨울 갈치는 누가 잡든 달곰하다. 받아든 밥상은 갈치구이가 두 쪽이 나온 깔끔한 차림새다. 부족함도 과함도 없어 아주 마음에 들었다. 굵은 소금을 뿌려 구운 갈치는 생각대로 살살 녹았다. 녹지 않고 남아 있던 소금은 슬쩍 악센트를 주고는 사라졌다. 오랜만에 맛있는 갈치구이를 먹었다. 다랭이 마을 앞에서 나는 미역으로 끓인 국과 달곰한 시금치는 명품 조연이었다.

다랭이 마을에서 남해 삼동면으로 해서 독일마을 방향으로 길을 잡으면 그 끄트머리에 미조항이 있다. 남해군에서 가장 큰 항구로 다양한 해산물을 맛볼 수 있는 곳이다. 다양한 수산물 요리가 있는 곳

다랭이밥상

에 한식, 중식, 일식, 양식을 주인장이 기간을 정해놓고 메뉴를 바꾸는 식당이다. 지역에서 나는 것을 주로 사용한다고 한다. 당시 내가 갔을 때는 한식인 수육이 메뉴였다. 전통된장과 향신료로 보드랍게 삶은 수육과 잘 지은 밥과 반찬들이 1인용 상에 깔끔하게 차린 상을 받았다. 차림새만큼이나 깔끔한 맛이 괜찮았다.

다음에도 남해에 간다면 이곳에서 밥을 먹을 생각이다. 그때쯤이면 요번에 먹은 수육과 다른 메뉴가 있을 것이고 그 맛이 기대되기 때문이다. 잘 삶은 수육도 수육이지만 잘 지은 밥이 마음에 들었다. 밥 먹기 위해 만드는 반찬에 공력을 들여도 밥까지 신경 쓰는 식당은 드문데, 그중에 한 곳이 바로 윤스키친이다.

윤스키친

절믄나매

또한 남해의 젊은 감성을 느낄 수 있는 식당도 있다. 이름은 '절믄나매'. 남해 읍내에 있는 곳이다. 이름에 대해서는 밥 먹으러 가서 물어보기는 했지만 주인장이 없어 명확한 답은 듣지 못했다. 다만 '젊은 남해'를 발음 나는 대로 적은 것이 아닐까 추측만 했다. 명칭이 어쨌든 젊은 쉐프가 고향으로 내려와 로컬푸드를 활용한 메뉴를 선보이는 식당이다. 출장을 가면 이런 식당을 애써 찾는다. 지역의 다양한 맛을 즐길 수 있기 때문이다. 지역 식재료를 젊은 감성으로 해석한 맛이 궁금했다.

마늘과 지역 한우를 활용한 함박스테이크와 남해 고사리 감바스, 이 두 메뉴를 두고 한참을 고민했다. 봄이 오면 남해 창선면 석포 일대에 고사리가 많이 나기에 다음 봄에 온다면 그때 고사리 감바스 먹기로 하고 함박스테이크를 선택했다.

지역의 특산물을 먹은 한우 브랜드가 있다. 이웃한 하동에 솔잎 한우가 있다면 남해에는 마늘 한우가 있다. 절믄나매에서 사용하는 한우는 지금은 '보물섬 한우'로 명칭이 바뀐 화전 한우다. 맛을 내는 마늘과 샐러드에 뿌린 유자 소스도 전부 남해의 것이고 같이 나오는 쌀도 남해 것을 사용한다. 다른 곳에서 먹는 함박스테이크와 달리 풍부한 마늘 맛이 녹진한 소고기 지방과 잘 어울린다. 유자 소스로 버무린 샐러드를 한 입 넣으면 향 강한 두 재료가 만든 함박스테이크의 맛은 지워진다.

상점 정보

- 다랭이밥상 **주소** 경상남도 남해군 남면 남면로679번길 36 **전화** 055-862-5177
- 윤스키친 **주소** 경상남도 남해군 미조면 미조로 168 **전화** 010-6523-1535
- 절믄나매 **주소** 경상남도 남해군 남해읍 화전로38번가길 6 **전화** 055-864-7577

전라북도 군산

겨울

반지라 불리는 군산 밴댕이

11월 말, 군산 내려가는 길을 비와 함께 했다. 계절의 끄트머리를 겨우 붙잡고 있는 가을을 한 방에 보내는 겨울비가 내렸다. 오전 9시가 조금 넘어 도착한 군산 대야면의 장터는 이미 홍정이 한창이었다. 백 년의 역사를 자랑하는 군산 대야장이다.

오일장의 흥망성쇠는 우시장이 좌지우지한다. 큰돈이 오가는 우시장이 서야 오일장에 사람과 돈이 흐른다. 우시장이 사라진 전국의 오일장 대부분이 돈과 사람이 말라 명맥만 유지하는 경우가 많은데 대야장은 우시장이 사라졌음에도 군산과 김제의 경계 부근에 있는 오일장인지라 볼거리가 꽤 있는 편이었다.

추적추적 내리는 비에 따듯한 국물이 간절히 생각나거니와 출출한 속도 채울 겸 국숫집부터 찾았다. 1과 6이 들어가는 날에 대야장이

설 때만 국수를 파는 곳이다. 비빔국수, 멸치국수 두 가지만 있다. 유부가 올려진 고명에 쪽파 가득한 간장을 넣고 한 그릇 후루룩 먹었다. 멸칫국물, 삶은 국수, 김치 세 가지의 궁합에 따라 맛이 천차만별로 달라지는 것이 멸치국수다. 대야장의 국숫집의 멸치국수는 거기에 쪽파와 간장이 중심을 잡아줘 다른 곳과는 또 다른 매력이 있었다.

국수를 다 먹고 둘러본 대야장에서 눈에 띈 것이 있었는데, 단무지였다. 일제강점기 당시 관문이었던 군산에는 아직 그 시절의 흔적이 많이 남아 있는데 대표적인 것이 바로 단무지와 울외장아찌(나라스께)다. 청주 공장이 여럿 있던 군산이기에 일본식 절임 반찬을 만드는 재료인 술지게미가 많았다. 술지게미와 소금 그리고 절임의 대상이 되는 채소 세 가지에 시간을 더하면 아삭한 절임 반찬이 만들어진다. 발효를 통해 신맛이 더해지니 흰밥과 잘 어울리는 반찬이 됐다. 우리네 김치도 모양만 다를 뿐 소금과 발효를 이용하는 원리는 같다.

특히 쌀겨와 치자물로 만든 단무지가 눈에 띄었다. 가을무로 담근 것이라 보름 정도 발효했다고 한다. 같이 있는 울외장아찌는 6개월 전에 담근 것이라 한다. 울외는 참외와 같은 박과의 식물로 참외와 비교해 단맛이 적다. 참고로 우리가 알고 있는 노란 참외는 일본에서 육종한 품종이다. 개구리참외나 성환참외, 청사과참외 등이 재래종 참외다.

작은 단무지 두 개를 3천 원에 샀다. 늘 먹었던 단무지와는 다른 맛이다. 보통 우리가 먹는 단무지는 구연산과 설탕과 식초로 맛을 들인 것으로 그 탄력과 아삭함은 몇 가지 화학약품으로 빠른 시간에 비슷

◀︎ 시장이 열릴 때 같이 여는 시장의 국수. 올려진 고명은 단순하다. 국물과 면의 조합 또한 단순하지만 맛까지 단순하지는 않다.

◀︎ 슈퍼 단무지의 아삭함은 첨가물이 만들어낸 맛이라면 군산 단무지의 아삭함은 시간이 만들어낸 맛이다.

하게 만든다. 그래서 아삭하고 새콤한 맛은 비슷해도 시간을 들여 만든 단무지와는 비교 불가다.

군산의 여행 테마는 '시간여행마을'이다. 시내를 다니다 보면 '시간'이라는 단어와 자주 만나는데 항구 주변의 박물관을 포함한 옛 건물을 둘러보게 잘 마련되어 있다. 26년 차 식품 MD인 나에게 군산에서의 시간은 다른 의미로 다가왔다. 11월 말의 군산은 무엇을 먹기에 딱 좋은 시작점이랄까.

군산을 대표하는 많은 먹거리가 있지만 그중에서 으뜸은 박대가 아닐까 싶다. 박대는 사시사철 나는 생선이지만 근래에는 생산량이 적어 수입으로 수요를 대체하기도 한다. 항구와 어시장 주변으로 찬 바람이 불면 박대에서 잡내가 나지 않고 꾸덕꾸덕 잘 말려진다. 기온이 높으면 짠맛도 높아지거니와 잡내가 많이 난다. 박대 먹기 딱 좋은 '시간'이 겨울, 지금이다.

신선한 생선이 겉절이라면 반건 생선은 묵은지 같은 맛이다. 시간을 통해 차곡차곡 맛을 쟁여놓는다. 군산 어시장에서 파는 국내산 박대는 크기가 작다. 반면에 수입은 몸통이 커서 먹을 만한 살이 많다. 건조 수산물 살 때 굳이 수입과 국산을 구별할 필요는 없다. 수입이 더 나은 경우가 많기 때문이다.

반건한 졸복(현지에서는 쫄복), 제철 맞은 미나리, 된장과 아욱 네 가지가 아우러져 내는 맛은 누가 먹어도 첫 숟가락에 저절로 '엄치척'이다. 졸복은 가장 커야 30cm 전후인 참복과의 작은 생선으로 서해,

남해, 동해 등 모든 곳에서 잡힌다. 경남 통영에서는 주로 생물로 맑은탕을 끓이지만 반건한 졸복으로 끓이는 곳이 있다. 바로 '똘이네'. 4년 전이나 지금이나 다름없는 맛이다.

탕을 주문하면 맛보기로 졸복 튀김 몇 마리를 내주는데 와사비 간장보다 초장에 찍어 먹으면 더 맛있다. 운전하지 않는다면 맥주 한 병이 바로 사라질 만한 맛이다. 여행객이 많이 찾아 혼자 밥 먹기가 쉽지 않은 군산에서 이 식당은 흔쾌히 1인분을 파는 곳이다.

◇◇◇◇◇

지금부터 슬슬 맛이 드는 반지는 흔히 '밴댕이'라고 불리는 생선이다. 한반도에서 유일하게 군산에서만 반지가 제 이름으로 불린다. 겨울과 봄에 군산에 간다면 반지로 한 끼 정도 먹어야 한다.

원래 밴댕이는 디포리라 불리는 생선의 이름이다. 수도권에서 반지를 지역 사투리인 밴댕이로 불러왔고, 강화나 인천의 밴댕이가 유명해지면서 반지는 자기 이름을 빼앗겼다. 이 반지는 한겨울에 많이들 찾는데, 이맘때쯤 기름진 살이 부드러워 맛이 좋다. 회 정식도 좋지만 새콤달콤하게 무침과 흰밥의 궁합이 최고다. '째보 선창'으로 불리는 죽성포구 일대에 유명한 집들이 몰려 있는데, 일찍 영업을 끝내는 경우가 많으니 가기 전 영업 확인이 필수다.

밴댕이만큼이나 군산의 지역성을 잘 드러내는 것이 또 있다. 바로 쌀이다. 금강과 만경강 사이의 군산은 좋은 쌀이 많이 나는 지역으로

박대는 프라이팬 닿는 쪽과 뼈 쪽 살의 간격이 얇아 겉바속촉을 제대로 느낄 수 있다. 두툼한 생선에서 느낄 수 없는 식감이 매력이다.

똘이네

돌풍식당

특히 군산의 신동진은 맛있는 쌀로 정평이 나 있다. 쌀뿐만 아니라 이모작으로 하는 보리도 군산의 특산물 중 하나인데 그런 흰 찹쌀보리를 비롯해 우리밀과 우리 쌀로 빵을 만드는 곳이 있다. 가게의 이름은 '홍윤베이커리'.

보통 우리밀로 빵을 만들 때 '안전'을 먼저 내세우는 곳들이 많은데, 홍윤은 조금 달랐다. 맛은 내세워도 안정이니 건강이니 하는 단어는 찾아보기 힘들었다. 보리로 만든 빵을 사러 갔다가 커피와 쌀 카스텔라 궁합을 맛보고, 달곰한 딸기 요구르트와 매콤한 짬뽕빵까지 먹고 나왔다. 가게를 나올 때 유리창의 문구가 눈에 들어왔다.

'홍윤베이커리 빵을 드시면 농민도 함께 웃습니다'

군산은 지난 20년 동안 30~40번은 갔던 곳이다. 이번 출장은 전과

홍윤베이커리

달리 넉넉함은 물론 성의까지 사라진 느낌을 받았다. 태워버린 박대가 나오고, 제철 생선회와 군산 보리밥이 나온다는 회덮밥에는 해동도 안 된 참치가 나왔다. 한 상 가득 차리는 것이 전라도의 밥상이라 생각들 한다. 그것도 맞지만 결국 먹는 사람을 생각하는 배려심이 있어야 맛이 나는 것이다. 그나마 저녁으로 먹은 반지회와 따듯한 김국이 군산에서 경험했던 헛헛함을 채워줬다.

상점 정보

- 똘이네 **주소** 전라북도 군산시 구시장로 62 **전화** 063-443-1784
- 돌풍식당 **주소** 전라북도 군산시 해망로 158-1 **전화** 063-446-4059
- 홍윤베이커리 **주소** 전라북도 군산시 축동안길 40 **전화** 063-461-0445

전라북도 익산

겨울

전국 3대 장에 손꼽히는 익산장

'세계 몇 대 경관'이니, '꼭 봐야 할 곳' 혹은 '꼭 먹어야 할 것' 등 수만 가지 중에서 단 몇 개만 꼽는 것은 항상 흥미를 유발한다. 누구나 아는 전국 5대 짬뽕도 그렇다. 전국 5대 짬뽕이 있는데, 오일장은 없겠는가? 오일장도 있다. 사가들이 꼽은 전국 3대 오일장 중 한 곳이 바로 익산 오일장이다.

익산에 있는 상설 시장 다섯 곳 중에서 북부시장 주변을 에워싼 모양새로 4일과 9일에 오일장이 선다. 바닷길이 금강 하구언으로 막히고, 우시장이 사라져도 호남 제일의 오일장 명성은 여전했다. 장터 크기는 물건을 구경하면서 한 바퀴 돌면 발목이 시큰거릴 정도다. 골목과 골목 사이에 사는 이들과 파는 이들로 가득했다. 명절을 코앞에 둔 오일장에는 제수거리를 사는 이들이 많았다. 떡집은 불난 호떡집 부

원조 오산집
-6674
북남
마른김

럽지 않을 정도로 사람이 몰렸다.

익산 및 인근에서 질 좋기로 소문난 신동진쌀로 만든 가래떡. 전분 같은 일체의 첨가물 없이 쌀로만 뽑아낸 가래떡은 '쫀득쫀득' 제대로 된 떡맛을 냈다.

한 살이야 해가 바뀌면 자동으로 더 먹게 되기에 별 감흥이 없다. 설날에 떡국 한 그릇을 받을 때 비로소 실물의 한 살을 먹는 느낌이다. 쌀을 불리고, 빻고, 쪄서 김 모락모락 나는 백설기로 만든 다음 떡 뽑는 기계에 밀어넣는다. 기계 돌아가는 소리에 맞춰 가래떡이 나온다. 방앗간 주인이 칼을 들고 일정 길이로 자르면 떡은 똬리를 틀 듯 찬물 속으로 떨어진다. 찬물 목욕을 한 떡은 겉만 차갑다. 속은 여전히 뜨끈해 손에 쥐고 먹으면 떡 온기가 고스란히 손으로 전달된다. 40년이 넘었어도 가래떡을 보면 어릴 적 먹은 맛과 촉감이 또렷이 되살아난다. 다른 음식도 마찬가지겠지만 갓 나온 떡이 가장 맛있다. 꿀이나 설탕, 시럽도 좋겠지만 구수한 맛이 나는 조청이 가장 어울린다.

예전에 어머니들은 이 시기가 되면 식혜를 넉넉히 만들고 식혜를 졸여 조청도 만들었다. 북부시장의 떡집을 돌아다니다 보니 공통점이 있었다. '신동진 쌀'로 가래떡을 만들고 있었다. 가래떡을 베어 무니 제대로 떡 맛이 났다. 사실 도시에 살면 제대로 된 가래떡을 맛보기가 힘들다. 가격을 낮추기 위해, 혹은 떡이 단단해지는 것을 막기 위해 전분을 넣어 만든 것들이 많기 때문이다. 전분 함량이 많은 떡은 쫀득한 것이 아니라 찐득거린다. 말랑한 가래떡이기에 몇 줄을 샀다.

바다가 없는 1월의 익산 장터에서 팔리는 농수산물 대부분은 외지 것이다. 1월에 채소가 나는 지역은 제주도와 해남, 남해, 고흥 등 따듯한 남쪽이다. 푸릇푸릇한 것들 중에서 간혹 익산에서 재배한 노지 시금치나 냉이 정도가 눈에 띄었다. 여러 곳의 물물이 많이 오가는 장터에서 현지의 먹거리를 알고 싶을 때는 로컬푸드 매장을 찾으면 된다.

익산 시내에도 잘 꾸며진 로컬푸드 매장이 있다. 로컬푸드 매장을 애써 찾은 이유는 딸기를 사기 위해서다. 딸기는 잘 무르는 특성이 있으므로 완전히 익기 전에 딴다. 유통 과정에서 조금씩 익지만 꼭지 부분이 파랗다. 로컬매장의 딸기도 다른 곳처럼 위가 파랗지만 그래도 더 익었을 때 따기에 훨씬 맛있다. 익산 로컬푸드 매장에는 딸기가 가득했다. 딸기는 예상대로 향과 단맛을 가득 품고 있었다.

과일이나 채소 품종 중에는 일본에서 넘어온 것이 많다. 농촌진흥청 산하 연구기관에서 국내 육성 품종을 연구하고 있지만 아직까지는 일본 품종이 득세다. 하지만 몇 년 전부터 일어난 '노재팬' 운동 덕분에 지금은 대부분의 딸기 품종이 국내산이다.

익산에서 본 딸기 판매대에는 국내 품종으로 대세 아이돌급 인기인 설향 품종이 대부분이었다. 다른 지역에서 나는 딸기 중에는 매향, 산타, 베리스타도 있으니 1월과 2월에 로컬푸드 매장에 간다면 딸기 구매는 필수다. 도시의 큰 마트에서 사먹던 것과 다른 맛이다. 만일 딸기가 안 나는 여름에 익산에 온다면 멜론도 좋다. 익산 멜론은 후숙하면 더 맛있고 그냥 먹어도 맛있다.

사실 그동안 익산은 여느 지역보다 갈 일이 많던 곳이다. 그러다 보니 언제 가도 재방문하고 싶은 나만의 맛집도 생겼는데, 그중 하나가 '동일가든'이라는 식당이다. 방문했을 당시 함께한 일행과 식사를 주문하니 30분 정도 뒤에 밥이 나왔다. 주인장은 호기롭게 인당 밥 두 공기를 앞에다 두며 모자라면 이야기하라고 했다. 입이 짧은 나는 그 말에 웃고 말았지만, 정신 차리고 보니 두 공기에 누룽지까지 먹고 나왔다. 같이 나온 장아찌와 함께 6년 묵은김치로 밥 한 공기, 주문한 참게탕으로 한 공기를 먹었다. 누룽지까지 먹고 나니 "잘 먹었다"라는 소리가 나도 모르게 나와버렸다. 나뿐만 아니라 일행도 합창했다. 지난 20년간 전국을 다니며 밥을 먹은 터라 전국에서 밥맛으로 꼽는 집이 몇 군데 있는데 그중에서 톱이라고 할 수 있다. 밥이, 반찬이 참 맛있는 곳이다.

또 하나는 '진미식당'이다. 익산 오일장에서 서울 가는 길, 차로 15분 거리에 위치한 황등장터로 가다 보면 석상을 만드는 곳이 많다. 황등 중심가 근처에 좋은 화강암이 나는 석산이 있기 때문이다. 석산이 유명해지면서 같이 유명해진 음식이 황등비빔밥인데, 이곳의 주메뉴다. 황등비빔밥의 특징은 다른 곳과 달리 사골국에 토렴한 밥을 비벼서 내온다는 것이다. 갖은 채소와 육회는 취향껏 비벼 먹거나 그냥 먹으면 된다. 특별한 방법은 없다. 익산에서 군산으로 가거나, 집에 가기 위해 서해안고속도로를 이용할 때면 들러서 맛있게 비빔밥 한 그릇하곤 했다.

동일가든

진미식당

진주비빔밥 그리고 황등비빔밥을 먹을 때마다 매번 반찬이 너무 많다는 생각을 한다. 비빔밥이라는 게 사실 반찬과 밥의 조화이기에 반찬은 필요가 없다. 그래서 나는 이번에는 화장실 간 사이에 찬이 깔려서 빼지 못했지만 김치와 국을 빼놓고는 되돌려 보내거나 혹은 주문할 때 이야기한다. 남겨서 버리는 것이 너무 아깝기 때문이다.

상점 정보

- 동일가든　**주소** 전라북도 익산시 금마면 동고도리 51번지 **전화** 063-836-7599
- 진미식당　**주소** 전라북도 익산시 황등면 황등로 158 **전화** 063-856-4422

인천광역시 인천

겨울

홍어는 전라도?
아니, 인천

'어쩌다 한번 오는 저 배는 무슨 사연을 싣고 오길래 오는 사람 가는 사람 마음마다 설레게 하나' 인천을 연고로 하는 SK와이번즈 경기가 문학 경기장에서 열리는 날에 8회 초가 끝나면 울려 퍼지는 노래다. 1979년 김트리오가 발표한 인천을 대표하는 노래 '연안부두'다. 수많은 배가 오가는 인천항. 사람은 여객터미널로 오가고, 수출입 상품은 신항으로, 서해와 전국 각지에서 나는 수산물은 인천종합어시장으로 모인다.

인천종합어시장(이하, 어시장)이 정식 명칭이지만 나에게는 연안부두 어시장이라는 이름이 더 입에 붙는다. 어린 시절 부평에 살 때 어머니나 아버지께서 연안부두 가자고 했던 기억이 있어 연안부두가 더 익숙하다.

어시장은 1975년, 그 당시로는 동양 최대 크기로 시장을 열었다. 2019년 현재 수도권 최대 산지 어시장으로, 선어, 활어, 건어물, 젓갈, 냉동 수산물을 파는 점포 500개가 영업하고 있다. 어릴 적 내게 연안부두는 저렴한 수산물을 사러 가는 곳이었다. 부평에도 큰 시장 있었지만 다양하고 저렴하게 수산물을 사려면 어시장이 제격이었다.

옛날에는 반찬거리를 사러 가던 어시장은 오늘날 횟감을 즐기러 가는 곳으로 흔히 생각된다. 서울에 있는 노량진시장, 강서수산물시장, 가락동시장만 하더라도 횟감을 찾고, 회를 먹을 수 있는 곳들이 성업인 것처럼 인천종합어시장도 마찬가지다.

인천 어시장에서 꼭 맛봐야 하는 횟감이 있다. 시장 내부에 들어서면 활어를 파는 곳과 마주 보며 홍어 파는 곳이 몇 집 있다. 거기서 홍어를 맛봐야 한다.

'홍어' 하면 주로 전라남도 신안군 흑산도나 나주 영산포를 생각하는데 사실 홍어는 서해를 회유하는 어종으로 인천에서 뱃길로 두 시간 가는 대청도에서도 많이 잡힌다. 다만 잘 알려지지는 않았다. 2010, 2011, 2013년도는 대청도 인근에서 잡힌 홍어가 전라남도보다 훨씬 더 많았던 해다. 어획량은 전라남도 못지않다.

홍어는 비싸다. 국내 홍어의 생산량이 급감하면서 한때 한 마리 당 100만 원까지 올라 귀한 몸 대접을 받았던 적이 있다. 가격이 내려간 지금도 몇십 만 원 간다. 제대로 삭힌 국산 홍어는 한 접시가 10만 원이 넘는다. 상대적으로 저렴한 수입 홍어도 몇만 원을 내야 한 접시가 나온다. 어시장에 오면 수입 홍어 한 접시 가격으로 국내산 홍어 맛을 제대로 볼 수 있다. 그것도 한 접시가 아니라 한 마리를 통으로 말이다.

보통 홍어는 호불호가 갈리는 음식이다. 삭힌 홍어의 매력에 빠지면 헤어 나오기 힘들지만, 빠져들기도 힘든 음식이다. 홍어에 많이 들어 있는 요산이 숙성 과정에서 암모니아 가스를 발생해 특유의 향을 내는데 익숙한 사람에게는 '향'이지만 누구에게는 '악취'일 뿐이다. 하지만 생홍어라면 말이 달라진다. 어시장에서 파는 홍어는 삭히지 않은 생것이다. 생홍어의 매력을 한마디로 이야기하자면 '찰지다'다. 밝은 선홍빛이 도는 회 한 점을 씹으면 차지게 씹힌다. 고기는 씹어

야 맛이듯 홍어도 씹어야 맛이다. 홍어는 신김치, 돼지고기 그리고 막걸리의 '사합'이 정석이지만 생홍어는 소금에 찍어야 제격이다. 초장도 좋지만 소금이 홍어회에 숨어 있는 단맛을 제대로 끌어낸다. 가격은 크기에 따라 매겨지는데 어획량에 따라 가격 변동이 있지만 kg당 약 1만 3천 원에서 1만 7천 원 사이다. 한 마리를 골라 손질을 부탁하니 이내 껍질을 벗기고 배를 갈랐다. 부위별로 크게 자르고 포장을 한다. 탕을 끓일 내장, 날개와 몸통, 그리고 홍어에서도 별미 중에 별미인 코와 애를 따로 포장해준다. 두 점 정도 나오는 볼살도 빠지지 않았다. 집에 와서 홍어집에서 알려준 대로 잘라 먹고 나니 나머지는 냉장고에 며칠 두고 먹을 정도의 양이었다. 양, 가격 그리고 맛까지 삼박자가 딱 맞아떨어졌다.

대한 추위가 있는 1월, 홍어 이외에도 어시장에서 주목할 만한 것

주꾸미는 가을부터 겨울이 제철이다.
특히 가을 주꾸미의 단맛을 보면 봄 주꾸미가 '무'맛이었음을 단박에 알아챈다.

이 바로 주꾸미다. 봄에 주꾸미가 많이 잡히는 이유는 이들이 수온이 깊은 바다보다 빨리 올라가는 얕은 바다로 몰리기 때문이다. 주꾸미는 봄에 태어나 얕은 바다에서 먹이 활동을 하다가 겨울이 오면 깊은 바다로 나간다. 다시 봄이 와 산란을 위해 얕은 바다로 나올 때는 먹이 활동을 하지 않는다고 알려졌다. 먹이 활동을 하지 않기에 겨우내 축적해놓은 에너지를 사용해 헤엄치고 산란장을 찾는다. 주꾸미는 1년을 사는데 봄철에 잡히는 주꾸미는 생을 마감하기 직전이다. 산란을 끝내는 동시에 짧은 생을 끝낸다. 이런 주꾸미를 잡을 때는 신혼방 찾는 그들의 본능을 이용해 소라 껍데기를 쓴다.

봄철 주꾸미는 암컷의 몸통에 든 알이 별미라 해서 많이 찾는다.

흰쌀밥 맛이 난다는 게 별미로 치는 이유다. 그런데 사실 대부분의 수산물은 알을 품을 때 살 맛이 떨어진다. 산란에 모든 에너지를 집중하기 때문이다. 겨우내 사냥으로 축적한 에너지를 산란을 위해 쓰는데 지방과 탄수화물 형태로 축적한 것을 써버릴수록 맛은 떨어질 수밖에 없다. 그래서 지금 한창 나오는 대구도 탕을 끓일 때는 암컷보다는 수컷을 더 쳐준다. 이리 맛도 있지만 살 맛 또한 수컷이 낫기 때문이다.

사실 봄철 암컷의 알이 별미라고 먹지만 1월의 주꾸미 살 맛과 견주어서는 별미라 하기 힘들다. 지금 막 잡히는 주꾸미의 살 맛은 보드랍다. 살짝 데친 주꾸미를 초장에 찍어 먹으면 봄철 주꾸미와 다름을 단박에 알아챈다. 처음에는 특유의 탄력으로 씹기가 힘들지만 이내 부드럽게 씹힌다. 씹을수록 근육 내 쟁여져 있던 맛들이 속속 나온다.

가격은 어획량에 따라 차이가 많이 난다. 사리(바닷물이 많이 움직일 때)에 가까워져 잡히는 양이 많으면 1만 5천 원 내외이고, 조금(바닷물이 가장 적게 움직일 때)에는 적게 잡혀 2만 원을 훌쩍 넘긴다. 잡히는 양에 따라 1kg 가격이 1만 원 이상 차이가 난다. 사리와 조금 때는 꽃게 철에도 매한가지다. 조금 때 가면 적게 잡혀 주꾸미처럼 가격이 비싸다. 조금과 사리 물때는 조석표로 검색하면 알 수 있으니 수산물 살 때 참고하면 보다 저렴하게 살 수 있다.

주꾸미를 뒤로한 채 출출한 속을 채우러 '반지'를 찾았다. 찬란한

은빛이 나는 반지다. 강화도나 인천 등 수도권에서는 밴댕이로, 목포에서는 바다송어로 불리지만 본명은 반지다. 강화도를 비롯한 수도권에서 반지를 밴댕이라 부르지만 실상 밴댕이는 다른 생선이다. 국물 낼 때 많이 쓰는 디포리가 밴댕이 새끼를 말린 것이다. 밴댕이는 청어과 생선으로 멸칫과의 반지와는 집안이 다르다. 수도권에서 자주 사용하다 보니 군산에서 반지로 판매함에도 밴댕이를 일컫는 지역 사투리처럼 되었다. 신문 기사에서도 명칭 오류를 심심치 않게 볼 수 있을 정도다. 반지는 반지고, 밴댕이는 밴댕이다.

어시장에서 항구 쪽으로 몇 분만 걸으면 '밴댕이 거리'라 쓴 표지판이 보인다. 밴댕이 거리라지만 거리는 없고 건물 1층과 2층에 밴댕이 전문점이 모여 있는데 여럿이 와도 좋고, 혼자 와도 괜찮다. 여럿이면 코스로, 혼자면 밴댕이 비빔밥을 주문하면 된다. 나는 혼자 온 터라 여러 곳 중 조용한 곳에 자리를 잡고 비빔밥을 주문했다. 주로 냉동한 것을 해동해 판매하는데 운 좋게도 그날 경매에 밴댕이 선어가 들어왔다고 해서 주문했다.

잠시 뚝딱거리는 소리가 들리고는 비빔밥이 나왔다. 매콤, 새콤, 달콤한 양념을 무친 밴댕이 무침이 나왔다. 밴댕이가 넉넉하게 들어 있다. 비빔 그릇에 담긴 밥과 비벼 먹어도 좋고 아니면 카레를 먹듯 조금씩 무침을 덜어 먹어도 맛있다. 같이 나오는 돌게장이나 반찬을 조금씩 덜어 먹으면서 같이 즐기는 것을 추천한다. 김 나는 밥에 밴댕이 무침을 가득 얹어 먹고 나면 저절로 입꼬리가 올라간다.

엄마연백식당

가족이나 연인끼리 간다면 인천의 유명한 관광지인 신포시장, 차이나타운, 월미도가 차로 10분 거리에 있으니 일정에 같이 넣으면 좋을 듯싶다. 날씨가 좋을 때는 백 년 등대가 있는 팔미도 유람선도 괜찮다.

상점 정보

- 엄마연백식당　**주소** 인천광역시 중구 연안부두로 16 해양센터 1층 **전화** 032-884-1349

경상북도 포항

겨울

쫄깃한 장치회를 맛보는 포항

포항의 2월은 따스했다. 재작년 시금치와 포항에만 있는 송학농장의 재래 흑돼지를 취재했었는데 그때 수년 만에 온 강추위에 덜덜 떨었던 기억과 사뭇 달랐다. 드라마 〈동백꽃 필 무렵〉에서 동백이와 황용식이가 드라마에서 알콩달콩했던 계단이 있는 모슬포를 지나 호미곶으로 해서 한 바퀴 돌았다.

5월의 어떤 날처럼 따스한 날씨에 성급한 이들은 벌써 무릎 정도의 얕은 수심에서 소라를 잡고 있었다. 작은 포구에서는 허리춤까지 오는 바다에서 딴 미역을 씻고 말리는 작업이 한창이었다. 겨울 포항

의 맛이 과메기와 대게, 포항초였다면 봄이 곧 시작되는 2월은 미역이다. 살살 부는 바람에 얕은 바다가 살랑거리면 미역에 단맛이 돈다. 겨우내 차가운 바닷물에서 자란 미역을 말리기 시작하면 성큼 다가오는 봄이 보인다.

김은 빠르면 11월에도 수확하는 데 비해 미역은 2월이 돼야 맛난 것이 나온다. 미역은 육상에서 포자를 줄에 부착해 일정 크기로 키운 다음 바다로 옮겨 양식하는데 크게 북방 미역과 남방 미역으로 나눈다. 이론적으로 구분한 것이다. 북방 미역은 잎줄기 넓고 억세 미역국으로 좋다. 남방 미역은 줄기가 가늘고 잎이 부드러워 냉국으로 좋다. 개인 입맛에 따라 부드러운 것을 좋아하면 남방을, 씹는 맛을 좋아하면 북방 미역을 선택하면 된다. 바다가 있으면 미역이 나니 굳이 지역 구분해서 살 까닭은 없다. 지역으로는 기장과 완도가 미역이 많이 나고 유명하다.

죽도시장은 전국에서 유명한 시장 중에 하나다. 다양한 수산물을 접할 수 있는 수산시장과 농축산물시장도 같이 있어 규모 또한 명성만큼 크다. 큰 상설 시장이 있어도 흥해읍에서는 2와 7이 낀 날에 오일장이 열린다.

흥해장은 1960년대 생긴 상설 시장 주변으로 좌판이 깔린다. 여느 장터처럼 먹거리, 쓸 거리 구성은 비슷하다. 육지의 나물은 아직이지만, 여전히 포항의 명물 시금치 못지않은 달곰한 물미역이 시장의 최고 인기 스타였다. 호떡집에 불난다는 속담처럼 물미역 파는 곳마다

겨울 끄트머리의 포항, 자연산 미역을 말리는 작업이 한창이다.
동해에서 나는 미역으로 국을 끓이면 좋다.

◀: 경매가 시작하면 좋은 놈들은 줄을 세운다.
그 나머지는 이런 모양으로 경매가 되어 소매상에게 넘어 간다.

사람들이 몰렸다. 살짝 데치거나 흐르는 물에 씻어 먹기 좋게 잘라 초장에 찍어 먹는 것이 일반적인 방식. 아니면 초무침 정도. 사실 물미역으로 끓인 미역은 마른미역을 불려 끓인 것과 다른 맛과 시원함이 있다. 고기보다는 생선 넣고 끓인 미역국이 말로 표현하기 힘든 시원함이 있다. 먹어본 사람은 "아~"하는 맛이다.

언젠가 태안에 있는 가의도에 갔을 때 아침에 딴 물미역에 생선 뼈 넣고 끓인 미역국을 맛본 적 있는데 인생 미역국이 되었다. 이후로 물미역이 나올 때면 가끔 사서 미역국을 끓인다. 생선이나 조개를 넣고 미역국 끓일 때는 참기름을 넣지 않는 것이 더 낫다. 미역을 참기름에 볶는 것이 표준 레시피처럼 되어 있지만 끓이는 방법의 하나일 뿐 꼭 그래야 하는 것은 아니다. 참기름이나 기름에 볶지 않으면 미역이 품고 있던 시원함을 더 느낄 수 있다.

홍해장에도 대게나 홍게 혹은 수산물이 있을 거라 예상했는데 의외로 적었다. 아마도 죽도시장이 지척에 있는 까닭인 듯했다. 목이 마르면 우물을 찾듯 대게를 구경하러 죽도시장을 찾았다.

대게는 그 크기에 따라 가격 차이가 난다. 소위 박달대게라 부르는 큰 대게는 한 마리에 십만 원이 훌쩍 넘는다. 그에 반해 작은 것은 가격이 확 내려간다. 사실 대게 크기에 따라 맛 차이가 나는지는 모르겠다. 홍게와 대게 맛 차이도 확실하게 구분하지 못한다. 다만 나는 크기보다는 선도를 보고 홍게를 고른다.

이것들을 경매가 끝나고 좌판에 깔릴 때 사면 좋지만 때를 놓치기

십상이다. 선도 다음으로 보는 것이 다리 두어 개 떨어진 게다. 박달대게도 일정 무게 이상이면 하나 떨어진 것은 정상품으로 팔리고 두 개면 가격이 확 내려간다. 떨어진 다리에 상품 가치가 떨어질 뿐 맛까지 떨어지는 것이 아니다. 보기에는 박달대게 한 마리 먹어야 사진찍기도 좋고 무게 잡기 좋다. 먹을 수 있는 살의 양으로도 작은 것이나 다리 떨어진 것이 낫다.

◇◇◇◇◇

지난 몇 년 사이 과메기 때문에 모슬포 출장이 잦았다. 그러면서 자연스레 알게된 식당이 있다. 6년 전 처음 맛보고는 출장 갈 때마다 국수 한 그릇 하는 곳인데 포항의 이름난 제일국수 면을 사용하는 집이다. 처음에 맛봤을 때 고명으로 올려진 부추와 시금치나물이 낯설었다. 겨울이라 그래서인지 포항초의 달곰한 맛이 멸치 육수와 쫄깃한 면발과 제법 잘 어울렸다. 다른 곳처럼 강한 멸치 맛이 나지 않지만 입에 잘 감기는 육수가 마음에 들었기에 1년에 한 번 정도 가는 단골이 되었다.

포항에는 많은 국숫집이 있다. 생선을 넣고 얼큰하게 끓인 모리국수, 횟밥에서 밥 대신 삶은 국수가 나오는 회국수가 있어도 내 선택은 항상 이 집이다.

만약 포항 출장길에 동행이 있다면 저녁에 소주 한잔은 필수다. 보통은 인원수에 따라 모둠회 대, 중, 소가 일반적인 방식. 나오는 곁다리 반찬의 풍성함을 보고 자리를 잡곤 하는데 크게 실패하지도, 크게

구룡포 할매국수

옥이횟집

성공하지도 않는 안전이 담보된 방식이다. 반면에 안줏거리를 탐색하면 시간도 걸리지만 맛은 '모 아니면 도'다. 사전에 정보, 즉 제철을 알면 모가 나올 확률이 높아진다.

겨울, 포항에서 맛볼 수 있는 제철 안줏거리로는 대표적으로 '복어'가 있다. 한겨울 동해에서 복어가 많이 잡혀 가격이 저렴하기 때문이다. 그러나 시장과 포구의 수족관을 보니 복어가 없었다. 대신 장치와 성대가 눈에 띄었다.

장치는 말려서 찜으로 먹는 생선이지만 회 맛이 별미라는 이야기를 들었다. 장치 한 마리와 성대 네 마리 가격이 3만 원. 0.1초의 망설임도 없이 바로 선택하고 자리를 잡았다.

장치는 회 질감이 무른 대구나 삼식이회(삼세기가 바른말)에 복어회를 합친 맛이다. 씹으면 대구회처럼 무른 질감이지만 그 끝은 복어회처럼 쫄깃한 맛이 있다. 다른 회에서는 느끼기 힘든 재미난 질감이다. 성대는 잡어 중의 잡어 취급을 받지만 그 질감은 돔처럼 쫄깃한 맛이 있다. 누가 설명하지 않는다면 돔의 한 종류로 여길 것이다. 쏨뱅이목 집안답게 회 맛 끄트머리에 살짝 단맛 도는 게 일품이다.

장치를 선택한 횟집의 초장과 초된장 맛이 일품이었다. 보통은 시판 초장을 사용하기 마련인데 이곳에서는 담근 고추장과 된장으로 장을 만든다. 깊은 장의 맛이 회 맛을 탄탄하게 받쳐준다. 육장을 잘 만들어야 소 생고기의 맛도 빛난다. 이 집은 육장 잘 만드는 집처럼 회장이 뛰어나다. 회를 뜨고 남은 뼈로 끓인 매운탕도 깊은 맛이 있다.

겨울은 상추나 깻잎 맛이 여리다. 그렇기에 쌈을 해주는 역할 뿐이다. 미역은 다르다. 쌈의 역할에 플러스 알파가 바로 '향'. 회를 고추장이나 간장에 찍으면 바다 내음이 지워진다. 미역은 지워진 향을 되살려준다. 미역이 한창 나올 때 쌈은 상추가 아니라 미역이다. 맛보면 이해가 된다.

상점 정보

- 구룡포 할매국수 **주소** 경상북도 포항시 남구 구룡포읍 구룡포길 60-4 **전화** 054-284-2213
- 옥이횟집 **주소** 경상북도 포항시 북구 흥해읍 흥해로 68-23 **전화** 054-261-2240

전라남도 완도

겨울

뭐니 뭐니 해도 완도가 전복의 고향

입춘이 지난 남녘은 사방에 봄기운 가득하였다. 남쪽으로 내려갈수록 목까지 채웠던 지퍼를 내렸고, 종국에는 외투를 뒷좌석으로 던져버렸다. 완도행이다. 2월의 완도는 푸르름이다. 키재기하듯 솟는 양파며, 바다에서 갓 건진 해초류가 완도 오일장 좌판에 푸르름으로 채웠다.

완도 오일장은 날짜에 5와 0이 들어가는 날에 열린다. 읍내에 상설시장이 있어도 여전히 오일장에 사람이 몰린다. 명절 뒷장이라 오가는 이가 적지만 해초류 구경하는 남다른 재미가 완도 오일장의 매력이다.

된장국을 끓이면 너푸 만한 것이 없다고 할 정도로 맛난, 낯선 이름의 해초 '너푸'도 있었다. 너푸, 넓태라 부르지만 실제 이름은 넓패다. 미역과 같은 갈조식물로 겨울과 봄 사이에 잠시 난다. 따로 양식하

다시마 양식을 처음 시작한 곳답게
장터에서 다양한 해초를 만날 수 있다.

전복 양식장 옆에서는 늘 미역과 다시마를 함께 양식한다.
전복에 먹이로 주기 위해서다. 그래서 봄부터 초여름의 전복이 가장 맛있다.

지 않아 완도, 진도 등 현지 아니면 맛보기 힘들다.

근래 들어서 인기 상승 중인 감태, 감태는 김처럼 말려서 먹는 것이 알려진 방법이지만 현지에서는 현지만의 먹는 방법이 있다. 바로 김치와 함께다. 풋고추, 다진 마늘, 생강 그리고 잘 숙성한 멸치액젓에 고춧가루를 개어서 버무리면 완성되는 김치. 소금물에 이틀 정도 넣고 푸른색이 노랗게 변할 때 먹으면 해초 향이 더해진 새콤함이 밥을 부른다.

흔히 감태라고 부르지만 우리가 먹고 있는 푸른빛 감태는 파래의 일종인 '가시파래'다. 가시파래에 이름을 뺏긴 감태는 구경조차 하기 어렵다.

'완도는 전복'이라 말해도 될 만큼 전복 생산량이 많은 곳이기도 하다. 전국 각지의 전복 생산량을 모아도 완도 생산량의 1/4이다. 전국 생산량의 80%를 완도에서 생산하기에 섬과 섬사이, 오목하게 들어간 곳에는 어김없이 전복 양식장이 들어서 있다. 전복 양식장 옆에 다시마나 미역 양식장이 같이 있어 바로 옆에서 수확해 전복의 먹이로 준다.

전복은 육상에서 키운 종패를 사와 3년을 키운다. 3년이 지나면 수확하는데 같은 날에 넣은 종패도 3년 사이에 성장은 제각각이다. 어떤 것들은 1kg에 5~6미로 귀한 대접을 받으며 횟집이나 선물용으로 팔려가고, 500원짜리 동전만 한 꼬마 전복은 칼국수나 라면용으로 팔린다. 크기와 용도에 따라 전복을 골라도 3년을 키우는 것은 같다.

사시사철 어느 곳에서나 전복을 맛볼 수 있다.

이런 까닭에 제주 여행에서 먹는 전복 대부분도 완도산 전복이다. 제주에서는 양식을 거의 하지도 않거니와 제주에서 자생하는 전복은 양식전복과 품종 자체가 다르다. 제주에서 해녀들이 채취하는 것은 말전복, 씨볼트전복, 까막전복이다. 세 품종 모두 한 마리에 몇백 그램 나가는 대형 종으로 양식으로 키우는 참전복하고 다르다.

전복은 어디서든 먹을 수 있지만 꼭 완도에서 먹어야 하는 이유가 있다. 바로 신선함 때문이다. 산지에서 바로 꺼낸 전복에는 고유의 단맛이 있다. 산지 경매, 도매 시장, 소매를 거치면서 전복은 먹이 활동을 못 한다. 먹지 못하고 수조 속에서 생명만 유지한 채로 있다. 이 과정에서 생명 유지를 위해 가지고 있던 포도당이나 지방을 에너지로 사용하기에 산지만큼 단맛이 없다.

산지에서도 나름의 철이 있다. 미역이 한창 나고, 다시마가 나는 봄철의 전복은 1년 중 가장 맛있다. 맛이 든 전복을 회로 먹는 것도 나름의 맛이 있지만 그래도 열기가 더해진 것이 한층 더 맛이 깊다. 특히 맥주나 화이트 와인으로 찐 전복은 회에서 맛볼 수 없는 부드러운 식감과 감칠맛이 있다. 환절기 보양식으로는 봄철 전복이 좋거니와 양념 간장에 숙성한 전복장도 입맛 회복에 특효다.

전복을 넣고 끓인 해장국도 완도에서 유명하다. 전복이, 그것도 실한 전복 두 마리가 해장국 그릇에 담겨서 나오는 완도의 전복 해장국. 청산도로 출발하기 전 여객선 터미널 앞에 있는 식당에서 전복 해장

상화식당

국을 주문했다. 짬뽕이나 라면에 들어가는 500원만한 것이 나오겠다 싶었지만 웬걸? 실한 전복 두 마리가 들어 있었다. 전복도 전복이지만 황태, 콩나물에서 나는 시원한 감칠맛에 전복과 가시리(해초의 일종)의 시원함이 만나니 국물 한 모금에 속이 말 그대로 싸악 풀렸다.

전라도 식당의 반찬 맛은 두말하면 입만 아프다. 특히 해안가의 식당은 말할 필요도 없다. 해장국에 딸려 나온 반찬 중에서 유독 젓가락이 자주 가던 반찬이 앞서 이야기한 감태김치다. 해장국이라는 게 뜨듯한 국물에 밥 말아먹는 맛이지만 감태김치 맛에 반해 반 공기만 말고 반은 감태김치와 먹었다. 새콤한 맛에 바다향 물씬 나는 게 밥도둑으로 치자면 전과 10범 정도 되지 않을까 싶다.

전복의 고장 완도지만 전복보다도 꼭 먹어야 할 음식이 바로 쏨팽

미소식당

이탕이라고 할 수 있다. 꾸덕꾸덕 말린 것은 맑은탕으로, 생물은 매운탕으로 먹는 완도 쏨팽이(완도 사투리)의 표준 이름은 붉은 쏨뱅이다. 우럭(조피볼락)과 사촌지간이지만 탕을 끓이면 맛은 하늘과 땅 차이다. 자연산 우럭으로 끓인다 해도 쏨팽이의 시원함은 반의 반도 못 따라갈 만큼 시원함이 독보적이다. 며칠 말린 쏨팽이로 생강, 마늘을 넣고 한소끔만 끓여도 시원하고 진한 국물이 일품이다. 보름 전 마신 술도 해장시킬 만한 위력이다. 꼬들꼬들한 살 맛은 덤이다. 생물은 매운탕으로 내는데 반건한 것보다 국물의 시원함이나 깊이가 조금 떨어지지만 깨끗한 살 맛이 일품이다. 전복은 해장국만 주문해도 먹을 수 있기에 완도에 간다면 꼭 찾아서 먹어야 할 음식이다.

◇◇◇◇◇

전복과 쏨팽이탕만큼이나 완도에서 유명한 것이 또 있다. 완도 김이다. 김은 씻고 말린 것을 구워서 먹는 것이 상식. 김 주산지에 때맞추어 가야 먹을 수 있는 것이 김국이다. 끓이는 방법은 간단하다. 물에 된장 풀고, 잔 새우 넣고 끓이다가 말리지 않은 물김을 넣으면 끝이다. 새우가루를 듬뿍 넣은 탓에 국물은 지저분해 보이지만 국물은 깔끔하다. 찬으로 나온 꼴뚜기젓을 김국에 더하니 맛은 배가 아니니 몇 배로 깊어졌다. 바다가 주는 최상의 맛은 희귀한 것이 아니라 제철에 숙성을 더한 맛이 아닐까 싶을 정도다.

완도에서 청산도까지는 배 시간으로 50분 정도다. 완도 연안 여객터미널에서 아침 8시 30분 배를 타면 9시 20분 즈음 청산도에 도착한다. 나오는 배는 오후 1시, 3시 그리고 5시 세 편이 있다. 시간 여유에 따라 선택하면 된다. 청산항에 도착해 서편제의 배경이었던 돌담길까지 천천히 걸어가도 30분 정도면 충분하다. 시간 여유가 있으면 둘레길을 좀 더 걷다가 항으로 돌아와 식사하고 오후 1시로 나오는 것도 재미있는 여행이 될 듯싶다. 나오는 길에 수협 판매장에 잠시 들리면 일명 '곱창돌김'이라 불리는 맛있는 김을 살 수 있다.

곱창돌김은 돌김의 일종인 잇바디돌김의 포자를 뿌려서 재배한 김이다. 김이 자라면서 곱창처럼 꾸불꾸불하게 자란다 해서 곱창돌김이라 한다. 다른 김보다 향이 진하고 단맛이 돈다. 기름과 소금으로 양념해 굽는 것보다는 불에 살짝 구워서 따듯한 밥과 먹을 때 제대로 된

맛을 즐길 수 있다. 50장은 1만 원, 100장은 2만 원이다. 다른 곳보다 저렴하거니와 곱창돌김 맛이 제대로 났다.

청산도를 나와 완도대교를 넘기 전, 완도수목원으로 갔다. 해초가 들어간 면을 뽑고 즉석에서 국수를 말아내는 곳이 수목원 초입에 있기 때문이다. 몇 년 전, 출장길에 맛있게 먹은 기억이 있어 찾아갔지만 내부 공사 중으로 다음 날부터 개장이었다. 굳게 닫힌 문 앞에서 진열해놓은 국수와 즉석면을 잠시 바라보고는 서 있던 자리에 아쉬움을 두고 출발했다.

해녀식당

상점 정보

- 상화식당 **주소** 전라남도 완도군 완도읍 해변공원로 33 1~2층 **전화** 061-554-4484
- 미소식당 **주소** 전라남도 완도군 완도읍 개포로56번길 40 **전화** 061-553-6868
- 해녀식당 **주소** 전라남도 완도군 청산면 청산로 3 **전화** 061-552-8547

제주도

겨울

다채롭고 풍요로운 제주의 겨울

지난 1년 동안 전국의 오일장을 스무 군데 넘게 다녔다. 작은 골목을 차지하는 면 단위부터 몇백 개의 점포가 있는 서귀포 오일장까지 규모가 다양했다. 서귀포 오일장이 참 크다 싶었는데 제주 오일장을 보고 나니 면 단위 오일장처럼 작아 보였다. 제주시 오일장은 4, 9일에 천여 개의 점포가 문을 연다. 서귀포 오일장이 작아 보일 수밖에 없다.

이른 아침 비행기로 제주시 오일장에 도착하니 오전 10시. 수많은 사람과 사람 사이에 홍이 오가는 중이었다. 홍이 오갈 때 정도 떡고물처럼 묻어가 홍정이 되었다. 사람이나 물건이 막힘없이 흘러 통하는 유통(流通)의 현장이었다.

제주 오일장은 규모도 규모지만 구획 정리가 깔끔했다. 어물전, 채소전, 곡식전 등 비슷한 것끼리 잘 모아놨다. '할망 장터'라고 구획이

돼지
감자
"천연인슐린"
돼지감자의 효능
천연 인슐린(당뇨), 변비, 체지방분해

따로 있어 텃밭에 나온 채소들을 구경하며 손수 만든 재래식 반찬을 맛보는 재미가 있었다. 그중 눈길을 끈 것이 있었다. 소금 쳐서 냉동해 놓은 칠게와 간장으로 버무린 볶은 콩. 신기함에 쳐다보고 있으니 콩을 맛보라 내미셨다. 그 맛을 보고는 바로 한 종지 샀다. 볶은 콩의 고소함과 간장의 짭조름함이 맛났다. 반찬 이름을 몇 번 이야기해 주셨지만 쏙 들어오지 않는 사투리였다. 다시 묻기 죄송해 집으로 돌아와서는 집사람에게 그냥 '콩장'이라고 했다.

천여 개의 점포가 있는 오일장을 두 바퀴 정도 도니 그제야 12월의 제주 맛이 보였다. 과일전에는 제철을 맞은 황금향이 손님을 유혹하고 있었다. 황금향은 우리나라에서 붙인 이름이다. 일본에서 육종한 품종의 정식 명칭은 '에히메 28호' 혹은 '베니 마돈나'다. 늦게 익어 만감류라고 하는 종류 중에서 일찍 나오거니와 단맛이 좋아 인기가 많다. 황금향 이후로 레드향, 한라봉, 천혜향 등이 1월과 3월 사이 나온다.

황금향을 팔고 사는 이가 많지만 사실 12월과 1월이라면 노지감귤이 1년 중 가장 맛있을 때다. 우리가 감귤 혹은 노지감귤, 하우스감귤이라 부르는 것들은 모두 '온주밀감'이다. 원산지가 중국인 품종을 일본에서 재배하기 좋게 육종한 품종이다. 한동안 일본 품종 일색이었지만 근래에는 국내 육성 품종도 많이 재배하고 있다.

감귤은 하우스감귤을 시작으로 다음 해 1월까지 나온다. 늦게 나올수록 감귤의 향과 맛은 최고조를 향한다. 12월 말이나 1월에 나오는 노지감귤은 감귤이라는 단어를 빼고 향을 대신 넣어 '노지향'이라

해도 무방할 정도 향이 좋다. 다만 생산량이 많다 보니 귀한 대접을 받지 못한다. 귀하지 않다고 해서 맛까지 저렴한 것이 아니다. 10월이나 11월에 수확한 감귤이 '동'이라면 12월 이후의 감귤은 '금'이다.

12월 제주 땅에서 나오는 것 중 감귤만큼이나 단맛이 좋은 식재료가 당근이다. 평대나 월정리 바닷가 카페에 당근 음료가 많은 이유다. 주황빛이 솟아나듯 당근이 검은빛 흙 속에서 단맛을 가득 품고 고개 내미는 시기가 12월과 1월이다. 같은 카페의 당근주스라고 해도 8월과 12월의 주스 맛은 바닷물의 온도 차이만큼 크게 난다. 향이나 단맛이 사뭇 다르다. 맛있는 구좌당근이라도 요리용과 주스용 당근의 품종은 따로 있다. 대부분 요리용 당근 품종을 심는다. 단맛이 좋다고 해도 주스용 당근과는 비교 불가다.

올해 1월에 가장 맛있는 당근을 만났다. 송당 지역의 유도균 농부가 재배한 당근이었다. 주스로 맛봤는데 당근이 이렇게 맛있었나 할 정도 세포 하나하나에 단맛이 가득 차 있었다. 사실 주스용 당근은 모양새가 썩 좋지 않지만, 사실상 주스용이라 모양은 중요하지 않다. 맛만 좋으면 된다.

한편 제주의 바다를 대표하는 생선에는 갈치가 있다. 낚시로 한 마리 잡아 비늘이 살아 있으면 '은'자를 붙이고 그물로 잡아 비늘이 떨어져 나가서 검게 된 것은 '먹'자를 붙인다. 종류는 같아도 잡는 방식에 따라 은도 되고 먹도 된다. 갈치는 사시사철 갈칫국, 구이, 조림으로 제주 여행에서 한 끼는 먹고 가야 서운함이 없는 식재료다. 그렇기에 제철 또한 희미한 것이 갈치다. 하지만 항상 있다고 해서 또 제철이 없는 것은 아니다. 나름의 제철이 있지만 굳이 찾지 않을 뿐이다.

갈치가 맛있어지는 시기는 지금부터 내년 3월까지다. 갈치 어장의 위치는 바뀌어도 제주 근해를 벗어나지 않는다. 보통 12월 중순에 제주의 북동쪽인 구좌 앞바다에 어장이 형성된다. 제주의 여름 바다에는 한치잡이 배가, 겨울 바다에는 갈치잡이 배가 불을 별처럼 밝힌다. 바다와 하늘 경계선에서 배들이 밝히는 불은 별이 된다. 별이 하늘에서 바다로 한가득 떨어진 게 아닐까 싶을 정도다.

최근에는 예년과 달리 큰 씨알의 갈치가 잘 잡힌다고 한다. 12월의 제주 갈치는 식당 어디를 가든, 혹은 갈치 사서 누가 음식을 만들든 다 맛있다. 갈치가 맛있을 때는 즉, 갈치 맛집을 애써 찾을 필요가 없다. 대충 골라도 맛있고 양도 많다.

그런 의미에서 아침 겸 점심으로 갈칫국으로 먹으러 한 식당을 찾았다. 보통 시내나 사람들 많이 찾는 곳은 갈칫국 가격이 1만 5천 원 내외다. 조금 비싼 곳은 2만 원 정도 하는데 식당 메뉴를 보니 1만 원이다. 가격이 저렴해서 갈치 양도 저렴하게 나오지 않을까 싶었는데 기우였다. 실한 갈치 토막이 네 개나 들어 있었다. 그 크기는 세 손가락 정도였다.

제철인 갈치의 단맛은 물론 같이 들어가는 봄동, 늙은 호박 또한 갈치의 단맛에 밀리지 않았다. 갈치도 달고, 봄동도 달기에 소금으로 간을 맞춘 국물이 입에 짝짝 붙었다.

제주하면 흑돼지도 빼놓을 수 없다. 제주의 수많은 흑돼지 전문점 중에서 '어감곽'이라는 곳이 특허받은 흑돼지를 판다. 축산과학원에서 육종한 '난축맛돈'이 특허의 주인공이다. 제주 재래돼지와 한라랜드(랜드레이스 품종)를 교배해서 만든 돼지고기로 재래돼지의 단점인 성장성을 보완하면서 맛을 유지하도록 한 품종이다. 제주 재래돼지는 13개월을 키워도 70~80kg 정도의 무게가 나간다. 일반 돼지가 6개월에 120kg 자라는 것과 비교하기 힘들 정도로 더디 자란다. 이러한 성장성이 재래돼지가 외면받은 큰 원인이었지만 더디 자라 차지고 옹골찬 맛에 그나마 종자 보존이 됐다.

어감곽에서는 메뉴로 하루에 40개 한정으로 팔리는 메뉴인 '프렌치렉'을 먼저 주문했다. 프렌치렉은 갈비뼈와 등심, 가브리살, 삼겹을 같이 절단한 것으로 뼈를 축으로 해서 붙어 있는 다양한 부위의 맛을 즐길 수 있다. 난축맛돈 자체도 맛있지만 식당에서 드라이에이징과 웻에이징으로 숙성해서 내는 까닭에 농후한 지방 맛과 풍부한 감칠맛까지 더해져 제주에서 먹어봤던 돼지고기와는 격이 다른 풍미가 있었다.

◇◇◇◇◇

제주에서 먹는 미역국은 어떤 맛일까? 제주 미역은 제주의 서쪽에서 나는 비양도 것만 사용한다. 물미역이 나는 겨울에는 그대로를 사용하고 이후에는 냉동한 것을 사용하는데 말린 것은 물린 것과는 식감에서 차이가 난다. 훨씬 보드라우면서 씹는 맛까지 있다. 건조는 오

갈치는 겨울이 제맛이다. 1년에 몇 번 제주를 가지만,
제주 어디에 가서 먹든 겨울의 갈치 맛은 훌륭하다.

차섭이네 식당

숙성도

어감곽

래 보관이 목적, 제철에는 생미역으로 미역을 끓여야 제맛이 난다. 옥돔으로 미역을 내지만 딱새우 미역국 메뉴도 있다. 흔히 딱새우를 제주 특산물로 알고 있지만 이는 잘못 알려진 것이다. 추자도와 전라도 사이 해역에서 잡은 것이 대부분이다. 옥돔은 무를 넣고 함께 끓인 것을 먹어봤어도 미역국으로는 처음이었다. 부드러운 미역과 고소한 옥돔살이 제법 잘 어울렸다.

제주에는 어느 지역보다도 다양한 먹거리가 있다. 그렇기에 제주로 여행 전 맛집을 미리 알아보는 것은 비행기 표를 구하는 일만큼이나 중요하다. 다양한 제주 먹거리에 제철을 더하면 여행은 조금 더 저렴하고 맛있어진다.

상점 정보

- 차섭이네 식당 **주소** 오일장 구역 중 5-30번대 근처
- 숙성도 **주소** 제주시 원노형로 41 **전화** 064-711-5212 **인스타** @suksungdo_official
- 어감곽 **주소** 제주시 한림 리벤시아 호텔 1층 **전화** 064-805-0020

끝내는 말

아직도
가야 할 길이 멀다!

연재를 언제까지 할까? 언제 잘릴지 모른다는 막연한 불안감과 글쓰기에 대한 부담감이 더해진 반문이었다. 시작한다는 것에 대해 막연한 두려움이 있었다. 인천 연안부두는 어영부영 취재하고 글쓰기도 쉽게 끝냈다. 어시장을 중심으로 쓸 수 있는 '거리'가 많았다. 1회를 무난하게 끝냈기에 쓸 거리가 더 많은 해남도 '껌'으로 생각했다가 된통 당했다. 그때까지만 하더라도 오일장이면 다 비슷한 규모일 거라 막연하게 추측했던 것이다. 하룻강아지였다.

해남의 화원 오일장을 보기 위해서는 새벽길을 달려 내려가기도 했다. 시장이 서는 날에 맞추어 대충 알아보고는 "갈까? 가보지 뭐" 하고는 출발했다. 집에서 얼추 새벽 3시에 출발. 해남에 도착하니 사위가 밝아오고 있었다. 장터 주변에 차를 세우고 잠시 쉬다가 나갔다. 장이 서고 있었지만 예상과 너무 달랐다. 크기가 작아도 너무 작았다.

작은 공터에 좌판 몇몇이 모여 있는 수준이었다. 그때의 난감함은 아직도 생생하다. "아 어쩌지?" 하고 다시 검색해보니 다행히 다른 곳에 장이 서있었다. 차로 30분 거리. 일부러 찾아갔지만, 거기는 아예 장도 서지 않았다. 사람이 줄고 있는 곳은 오일장도 겨우 명맥만, 이름만 남아 있음을 처음 알았다.

해남에서 가장 큰 읍장은 어제였다. 앞으로 사흘 후에 다시 열린다. 자세히 알아보고 하루 혹은 나흘 뒤에만 왔어도 이런 난감함이 없었을 것이다.

해남읍에 있는 상설 시장과 산지에 다니면서 겨우 취재를 마쳤다. 사람이 사라지면서 시장도 사라지고 있었다. 그 이후로는 면 단위 오일장이 아니라 군청 소재지가 있는 곳의 오일장만 다녔다. 그렇게 알음알음 배워가며 3년을 다녔다. 시작 때와는 달리 두려운 마음도 사라졌다.

회를 거듭할수록 끝까지 하고 싶다는 바람이 생겼다. 한 가지 두려움은 '바람을 이루지 못하면 어쩌지'에 대한 것이다.

에필로그를 쓰고 있는 9월 중순. 그제 1박 2일로 봉화를 다녀왔다. 64번째 시장이다. 봉화는 한두 번 갔다가 밥을 먹은 게 다였고, 영덕이나 울진을 오가며 지나치던 곳이다. 이런 경험만 있는 봉화를 취재하니 색다른 매력이 보였다. 의외로 맛있는 곳이었다. 사실 내륙 지방은 해안가보다 식재료가 제한적이다. 해안가라면 육지 것에 더해 싱싱한 해산물이 차고 넘치지만 사실상 내륙은 그런 모습이 힘들다.

그런 내륙일지라도 계절에 따라 해안가보다 맛있는 것이 많아지는데 가을날의 봉화가 그랬다. 슬슬 나오기 시작하는 야생 버섯이 있었다.

사람들이 많이 찾는 송이와 능이는 명절 전에는 '넘사벽'인 가격이었다 추석이 지나면 반값이 된다. 맛은 더 좋아진다. 알 만한 사람은 비싼 버섯 대신 씹는 맛이 일품인 싸리나 땅지버섯을 산다. 송이는 부르는 게 값이고 땅지버섯은 커다란 바구니 하나에 1만 원이었다. 흐르는 물에 독성을 제거해야 하는 싸리버섯, 그중에서 독성이 없는 보라색 싸리버섯은 2만 원이었다. 1만 원 몇 장만 있으면 계절 식재료를 살 수 있는 곳이 봉화였다.

마지막으로 봉화에서 먹는 평양냉면 맛이 궁금해 찾아 갔다. 돈만 버리는 것이 아닌가 해서 잠시 주저하다가 문을 열었다. 지금 생각해 보면 9월에 한 일 중에서 가장 잘한 일이었다. 면이나 육수나 어디 하나 빠지지 않았던 냉면은 다음에는 소고기 수육이나 어복쟁반에 소주 한 잔하고 싶을 정도의 맛이었다.

시장을 다니면서 얻게 되는 경험과 체험이 좋다. 기대한 식재료를 맛보고, 기대하지 않았던 음식을 만나는 재미가 있다.

가야 할 곳이 아직 많이 남아 있다. 겨울, 기장에 가서 복어회를 먹어야 한다. 곡성에 가서는 안성 상회에서 땅콩도 사야 하고, 토종 씨를 나누는 분도 만나야 한다. 충주에 가서는 유기농 채식 뷔페도 먹어야 한다. 갈 곳이 많다. 다행히도 부모님께서 아낌없이 주신 덕분에 내 사주팔자에 역마살이 잔뜩 끼어 있다. 그 덕에 팔도를 돌아다닌다.

내 차는 5년 만에 33만 km를 타고 폐차했기에 2014년 즈음 아내에게서 차를 받았다. 그 당시 차의 주행거리가 13만이었는데 지금은 32만 km이 되었다. 조금 더 타도 될 듯싶은데 오른쪽 조수석이 삐거덕댄다. 운전을 오래 하고 나면 오른쪽 내 무릎도 같이 삐거덕거린다. 숱하게 다녔어도 아직 갈 곳이 많다. 연재가 끝나도 시장은 끝까지 다녀볼 생각이다. 사라져가는 오일장에 대한 기록을 남기고도 싶다. 게다가 다니는 일이 내게는 너무도 재밌다. 차에게는 미안하지만…. 몇 만 정도만 더 버텨줬으면 하는 바람이다.

전국 오일장에서 찾은 사계절의 맛
오는 날이 장날입니다

초판 1쇄 2021년 10월 5일
초판 2쇄 2021년 11월 8일

지은이 김진영

발행인 유철상
책임편집 박다정
편집 정은영, 정예슬, 정유진
디자인 조연경, 주인지, 노세희
마케팅 조종삼, 윤소담
콘텐츠 강한나

펴낸곳 상상출판
출판등록 2009년 9월 22일(제305-2010-02호)
주소 서울특별시 성동구 뚝섬로17가길 48, 성수에이원센터 1205호(성수동 2가)
전화 02-963-9891
팩스 02-963-9892
전자우편 sangsang9892@gmail.com
홈페이지 www.esangsang.co.kr
블로그 blog.naver.com/sangsang_pub
인쇄 다라니
종이 ㈜월드페이퍼

ISBN 979-11-6782-030-3 (03980)